大科学家讲小科普

我们居然住在一个球上面

匡廷云 黄春辉 高 颖 郭红卫 张顺燕 主编
吕忠平 绘

吉林科学技术出版社

图书在版编目(CIP)数据

我们居然住在一个球上面 / 匡廷云等主编. -- 长春:
吉林科学技术出版社, 2021.3
(大科学家讲小科普)
ISBN 978-7-5578-5159-0

Ⅰ. ①我… Ⅱ. ①匡… Ⅲ. ①地球–青少年读物
Ⅳ. ①P183-49

中国版本图书馆CIP数据核字(2018)第231225号

大科学家讲小科普　我们居然住在一个球上面
DA KEXUEJIA JIANG XIAO KEPU　WOMEN JURAN ZHU ZAI YI GE QIU SHANGMIAN

主　　编　匡廷云　黄春辉　高　颖　郭红卫　张顺燕
绘　　者　吕忠平
出 版 人　宛　霞
责任编辑　端金香　李思言
助理编辑　刘凌含　郑宏宇
制　　版　长春美印图文设计有限公司
封面设计　长春美印图文设计有限公司
幅面尺寸　210 mm × 280 mm
开　　本　16
字　　数　100千字
印　　张　5
印　　数　1-6 000册
版　　次　2022年11月第1版
印　　次　2022年11月第1次印刷

出　　版　吉林科学技术出版社
发　　行　吉林科学技术出版社
地　　址　长春市福祉大路5788号出版集团A座
邮　　编　130118
发行部电话/传真　0431-81629529　81629530　81629531
81629532　81629533　81629534
储运部电话　0431-86059116
编辑部电话　0431-81629516
印　　刷　吉广控股有限公司

书　　号　ISBN 978-7-5578-5159-0
定　　价　68.00元

序

本系列图书的编撰基于“学习源于好奇心”的科普理念。孩子学习的兴趣需要培养和引导，书中采用的语言是启发式的、引导式的，读后使孩子豁然开朗。图文并茂是孩子学习科学知识较有效的形式。新颖的问题能极大地调动孩子阅读、思考的兴趣。兼顾科学理论的同时，注重观察与动手动脑，这和常规灌输式的教学方法是完全不同的。观赏生动有趣的精细插画，犹如让孩子亲临大自然；利用剖面、透视等绘画技巧，能让孩子领略万物的精巧神奇；仔细观察平时无法看到的物体内部结构，能够激发孩子继续探索的兴趣。

“授之以鱼不如授之以渔”，在向孩子传授知识的同时，还要教会他们探索的方法，培养他们独立思考的能力，这才是完美的教学方式。每一个新问题的答案都可能是孩子成长之路上一艘通往梦想的帆船，愿孩子在平时的生活中发现科学的伟大与魅力，在知识的广阔天地里自由翱翔！愿有趣的知识、科学的智慧伴随孩子健康、快乐地成长！

前言

植物如何利用阳光制造养分？鱼会放屁吗？有能向前走的螃蟹吗？什么动物会发出枪响似的声音？什么植物会吃昆虫？哪种植物的叶子能托起一个人？核反应堆内部发生了什么？为什么宇航员在进行太空飞行前不能吃豆子？细胞长什么样？孩子总会向我们提出令人意想不到的问题。他们对新事物抱有强烈的好奇心，善于寻找有趣的问题并思考答案。他们拥有不同的观点，互相碰撞，对各种假说进行推论。科学家培根曾经说过“好奇心是孩子智慧的嫩芽”，孩子对世界的认识是从好奇开始的，强烈的好奇心会激发孩子的求知欲，对创造性思维与想象力的形成具有十分重要的意义。“大科学家讲小科普”系列的可贵之处在于，它把看似简单的科学问题以轻松幽默的方式深度阐释，既颠覆了传统说教式教育，又轻而易举地触发了孩子的求知欲望。

本套丛书以多元且全新的科学主题、贴近生活的语言表达方式、实用的手绘插图……让孩子感受科学的魅力，全面激发想象力。每册图书都会充分激发他们的好奇心和探索欲，鼓励孩子动手探索、亲身体验，让孩子不但知道“是什么”，而且还知道“为什么”，以非常具有吸引力的内容捕获孩子的内心，并激发孩子探求科学知识的热情。

目 录

目　录

第 1 节 我们居然住在一个球上面

地球曾是一团尘埃

大约在46亿年前的宇宙之中，银河系里有一团气体混杂着大量的其他物质并且在不断地旋转、收缩。在这期间，气团释放出能使物质的温度升高的能量，形成了一个炽热的“火球”，这就是最初的地球。

地球宝宝成长记

刚刚形成的地球地壳非常薄，承受着小天体不断的撞击。地球内部的熔岩随着撞击不断上涌，整个地面上到处都是地震和火山喷发的现象。云状大气在火山喷发中从地球内部升起。

这样的情况一直延续到25亿~5亿年前的元古代，那时地球上终于出现了大片相连的陆地，地球“长大”了。

地球是目前已知唯一的大气里有氧、地表有水、可支持生命存在的行星。

▶ 地球形成初期曾被许多小天体撞击

在这个时期，地球仍然遭遇着陨星的撞击。小陨石在经过大气层时就被燃烧殆尽了，一些大家伙则直直地撞到地球上，这样就形成了陨石坑。单次撞击产生的坑比较深，而多次撞击的坑就比较宽，边缘会形成环形山脊和中央穹丘。

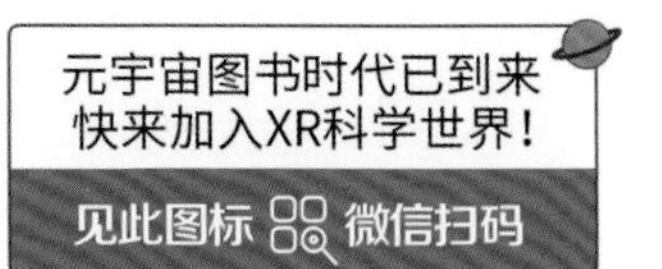

元宇宙图书时代已到来
快来加入XR科学世界！
见此图标 微信扫码

我明白了，传说恐龙就是因为陨石撞击而灭绝的。

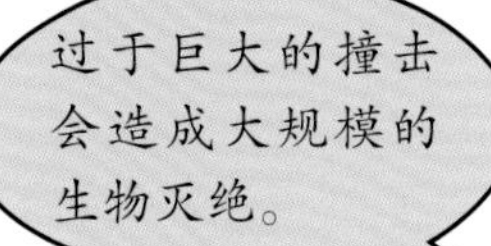

过于巨大的撞击会造成大规模的生物灭绝。

科学家探测出来最可怕的一次撞击，是地球的姊妹行星“忒伊亚”的撞击。它同火星大小差不多。大约 45 亿年前，“忒伊亚”突然撞上地球，它的大部分物质被地球吸收，但是有一大块被炸飞，并与地球物质结合，形成月球。

地球被压扁了

地球看起来就像一个被压扁的球体，这是由于地球在围绕地轴自转时，不同纬度的地方因为转速不同，所以产生的离心力也不同。两极转速慢，离心力小；赤道转速最快，因此离心力最大。地心引力和离心力的相互作用，使得地球看起来是一个两极略扁的球体。

怪异的重力

由于地球不是完美的球体，它的质量分布并不均匀，这意味着重力也分布不均。冰河时代堆积的冰一直在融化，融化后的冰水流向其他区域，冰川质量就减小了，所以在原来的冰川处的重力会变小。

▶ 地球下面的人脚上要粘胶水吗

众所周知，地球是一个近似圆球的椭球体。那么，生活在另一面的人岂不是倒立着的？他们会不会掉到宇宙中呢？事实上，所有人都站得牢牢的。因为地球具有吸引物体的地心引力，不管生活在地球的哪一面，都会被地球牢牢地吸住，不会掉到宇宙中去。

地球表面的地心引力也并不是完全相同的。事实上，在印度沿海地区，人的体重会比较轻，而在太平洋的南部，人会比较重。

▶ 连在一起的超级大陆

地球上的陆地原本是一个整体。大约 2 亿年前，经过多次撞击的板块慢慢漂离，最终形成当前的大陆构造。这是由于地球内部的热运动，导致地壳发生了移动，所以变成了现在的样子。

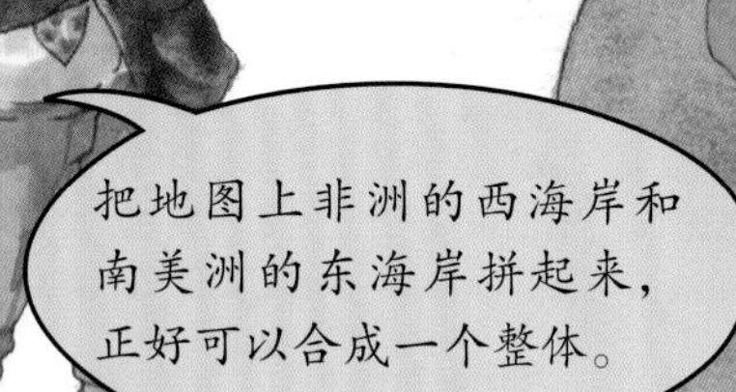

把地图上非洲的西海岸和
南美洲的东海岸拼起来，
正好可以合成一个整体。

快把地图拿来，
我要拼拼看！

▶ 板块们现在还在动

地球是唯一拥有板块构造的行星。它由 6 个重要板块构成，板块每年都会向不同方向移动 10~16 厘米。地震和火山爆发也是由于板块移动、撞击造成的。

这些地质运动有助于碳的循环和补给。碳是构成生物的基本元素，所以板块移动等于让已知的生命形式继续下去。

▶ 一直在移动

地球在时刻转动着，所以板块才会发生移动。实际上你可能正在以每小时超过 1 000 英里（约 1 609 千米）的速度旋转，位于赤道的人旋转速度最快，而站在北极或南极的人可能没有旋转。由于我们周围的一切事物同我们自己一起被地球带着转，所以我们感觉不到地球在转动。

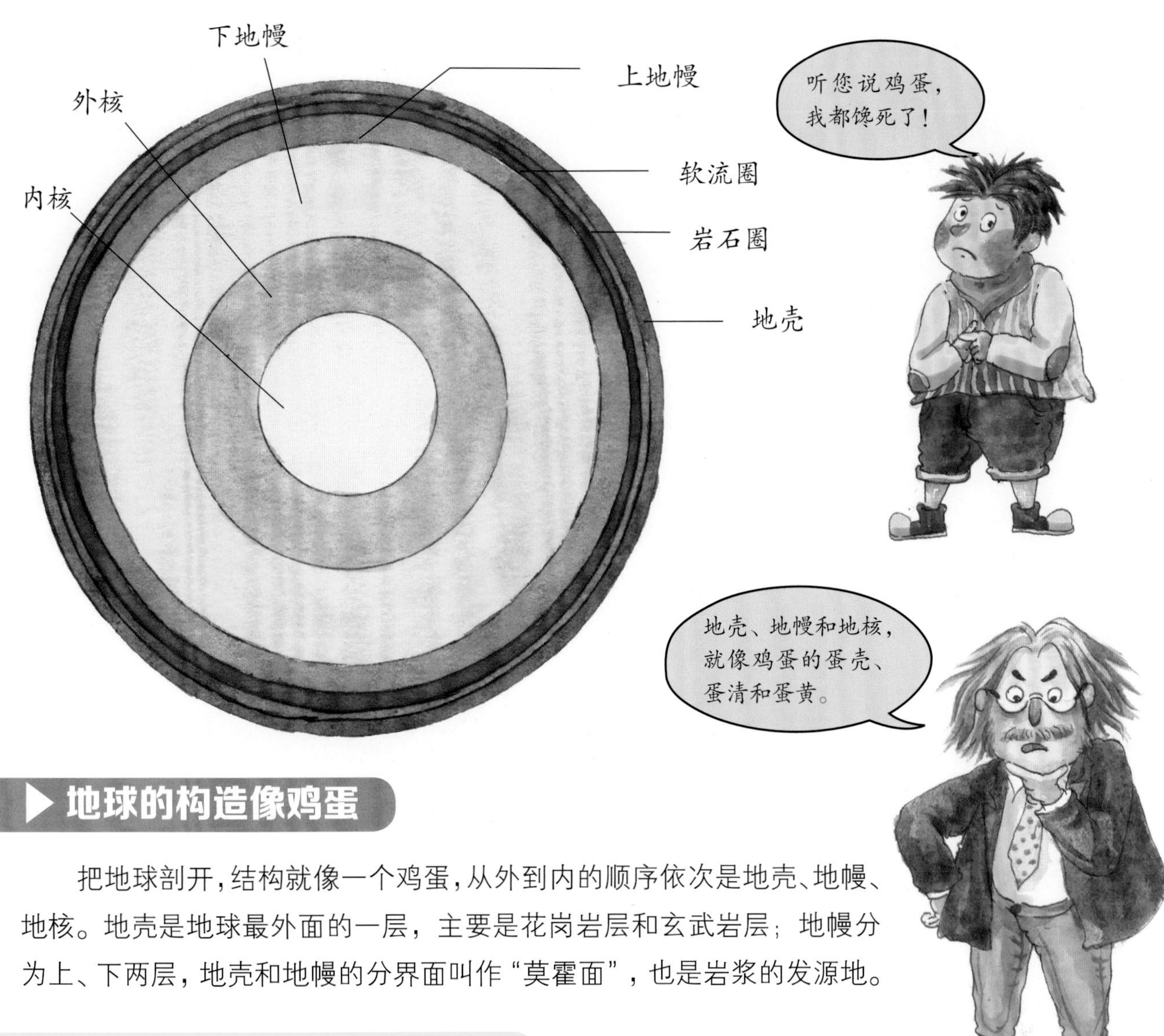

地球的构造像鸡蛋

把地球剖开，结构就像一个鸡蛋，从外到内的顺序依次是地壳、地幔、地核。地壳是地球最外面的一层，主要是花岗岩层和玄武岩层；地幔分为上、下两层，地壳和地幔的分界面叫作“莫霍面”，也是岩浆的发源地。

我们的地球是由什么构成的

地球是由多种元素构成的。其中，地壳主要是由硅、铝、镁、铁等元素构成的，地幔主要是由含铁和镁的物质构成的，地核主要是由铁、镍等较重的金属元素构成的。

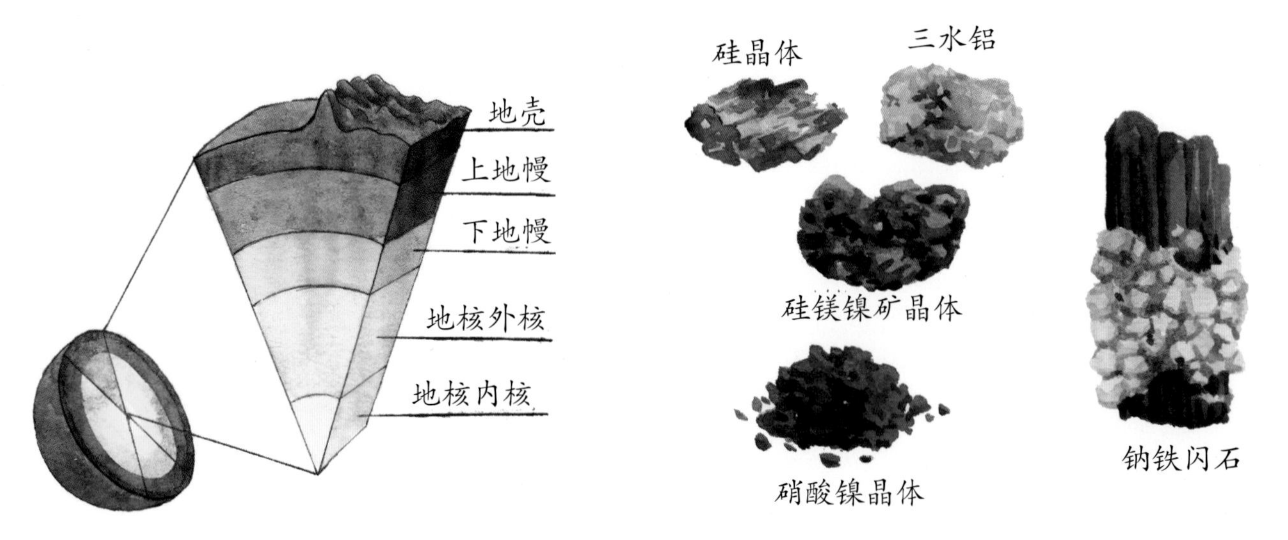

▶ 厚薄不同的外壳

我们平时看到的大地，是地球最外面的一层岩石薄壳，被称为地壳。在高山、高原地区，地壳较厚，可以达到65千米；而平原、盆地的地壳相对较薄；深藏于海底的大洋地壳是最薄的，厚度可能只有6千米。

▶ 地球的中间是什么

地壳下面是厚度约2 900千米的地幔，属于地球的中间层。它是地球内部体积、质量最大的一层，分上、下两层。上层地幔岩石比较软，充斥了大量岩浆；下层地幔由坚硬的金属物质组成。

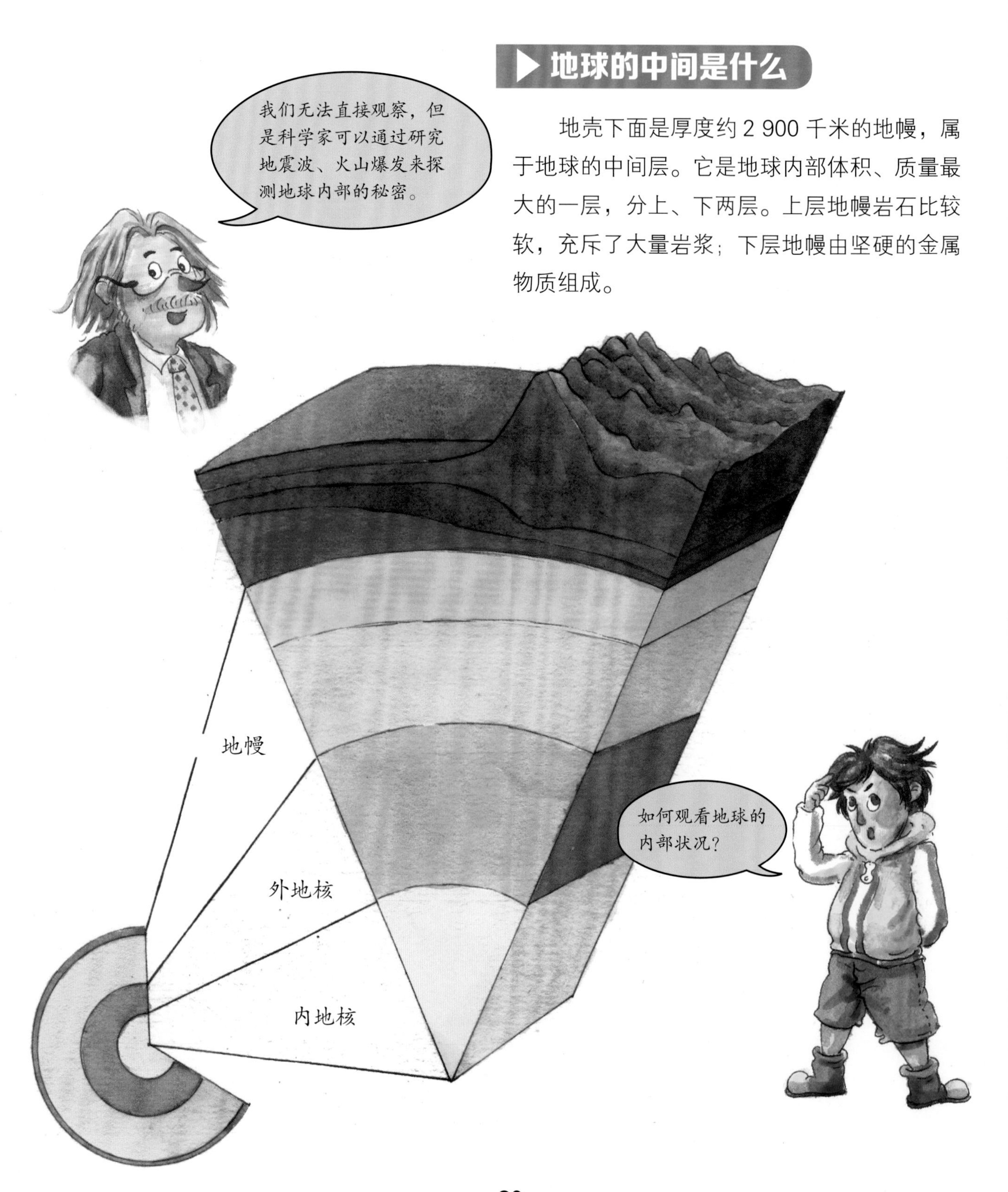

我们无法直接观察，但是科学家可以通过研究地震波、火山爆发来探测地球内部的秘密。
地幔
外地核
内地核
如何观看地球的内部状况？

▶ 地心大探险

经过地壳、地幔以后，来到地球的中心部分，即地核。地核又分为外核和内核。据推测，外核可能是液态物质，温度在 3 700℃以上；而内核的温度为 4 000 ~ 4 500℃，几乎和太阳表面温度一样了。内核的压力极高，所以是固态的。

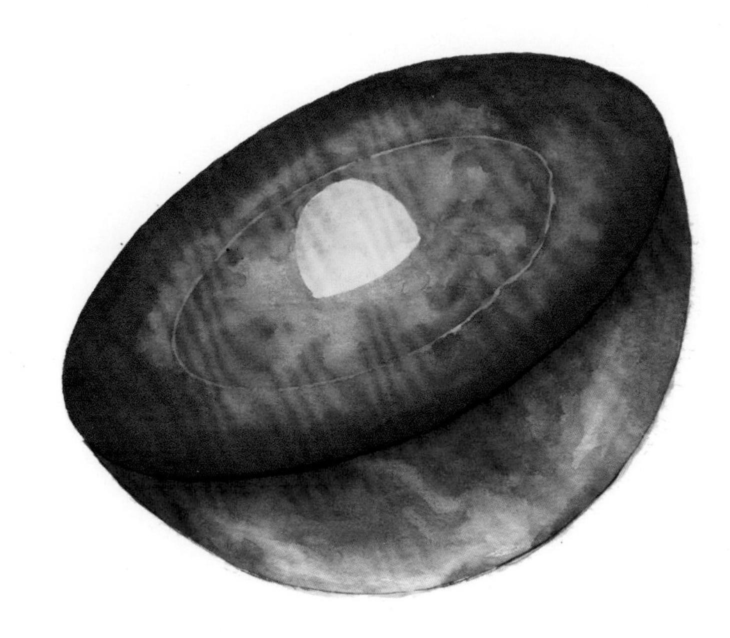

▶ 地心为什么很热

地球越往里层，温度越高。在大约 30 千米深的地方，大部分岩石都被熔化。地球最初是一个气体、液体和固体混合在一起的巨大热团，随着时间的流逝，表面的温度慢慢降低，冷却下来后形成了坚硬的地壳，但内部的温度由于在地底深处无法冷却，所以一直保持高热状态。

第2节 地球的神秘装备

▶ 地球的大气外衣

地球的表面有一层浓厚的大气，就像是地球的一件透明轻纱外衣，非常美丽。虽然我们看不见、摸不着它，但是它却保护着地球上的一切生命。

▶ 大气层是地球的保护罩

热带地区的大气更为稀薄，这是月球引力对地球大气的影响。

大气层不仅阻挡了太阳射出的大部分紫外线，还减缓了地球向外太空散发热量的速度，使地球的昼夜温差不至于过大。因此，大气层对地球有着非常重要的作用。大气层中含有78.1%的氮气和20.95%的氧气，还有少许二氧化碳、氦气等。

▶ 顽皮的大气会逃跑

太阳的热量让地球大气最外层的气体分子变得活跃。在高温的作用下，一些气体分子可以脱离地球引力的束缚而“逃”到地球大气层之外的宇宙中去。每天都有一定数量的气体分子“逃跑”。

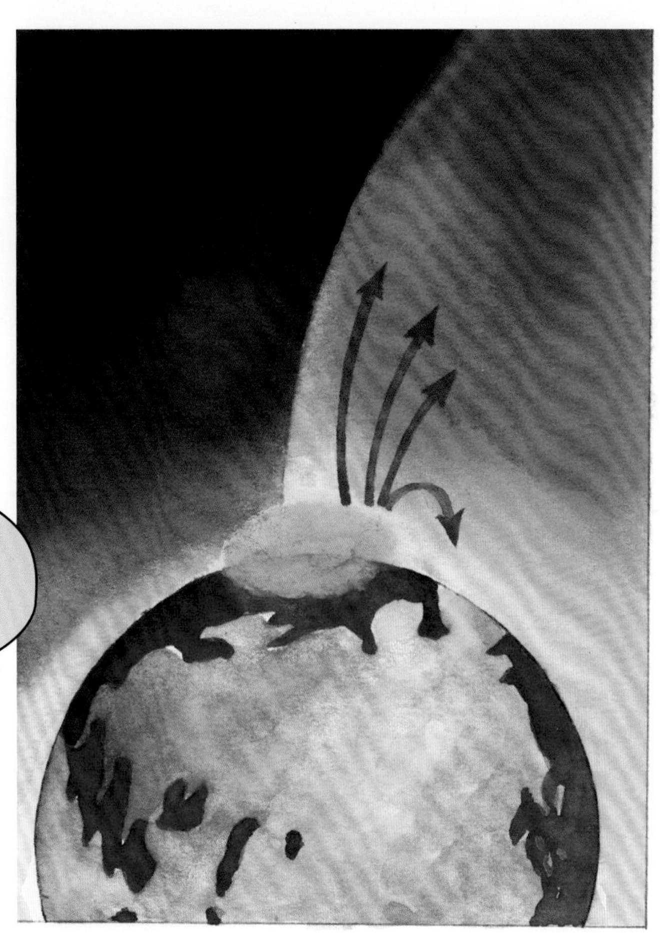

大气层可以滤掉太阳发出的大部分有害射线，并保护地球减少流星的撞击。

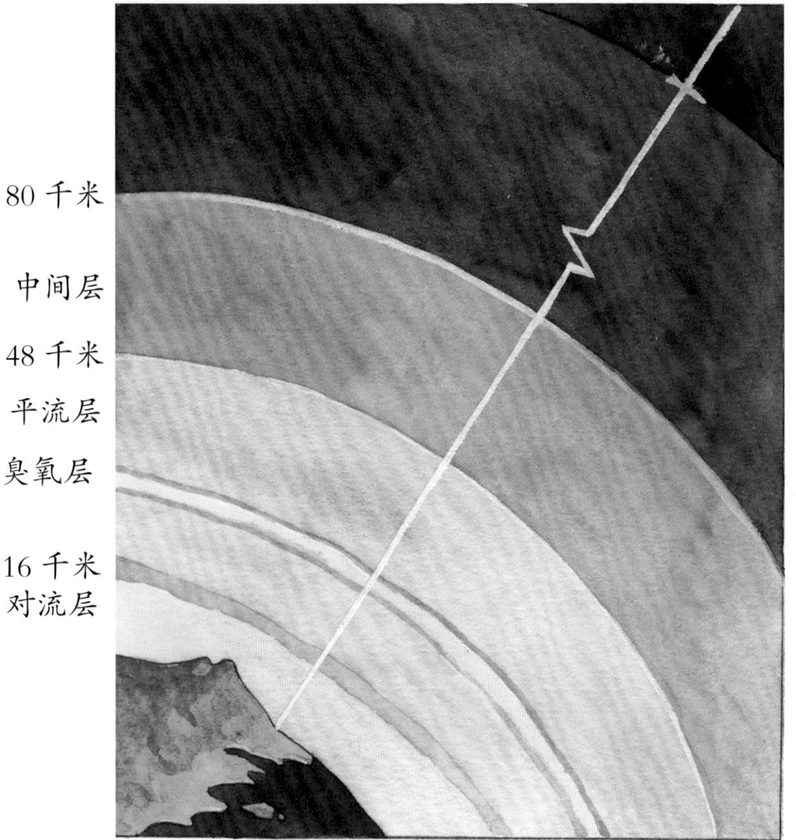

较轻的氢分子是最容易飞到大气层外面的。不过，大家也不用担心氢元素会在地球上消失。由于地球具有地心引力，在散逸层消耗一些气体分子的同时，也吸引了大气层外的物质进入大气层，所以基本是处于平衡状态的。

▶ 风是气流的孩子

大气低层中的空气被太阳光照射加温以后，会以气流形式进行流通。太阳对地球表面的加热是不均匀的。赤道是阳光照射时间最长的地方，大量的暖热空气上升向南北移动，到达阳光不足的两极以后变冷下沉，就这样形成空气的循环流动系统。

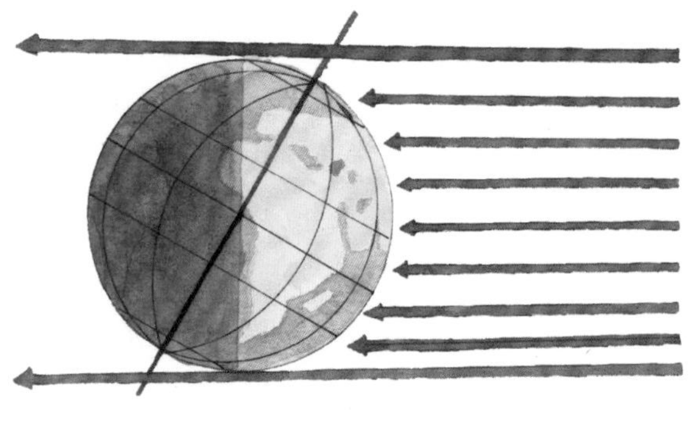

根据热胀冷缩的原理，气体受热则发生膨胀，致使内部压力降低。因此当两地温度不同时，空气的压力也会不同。这时，空气就会从气压高的地方流向气压低的地方，这样风就吹起来了。

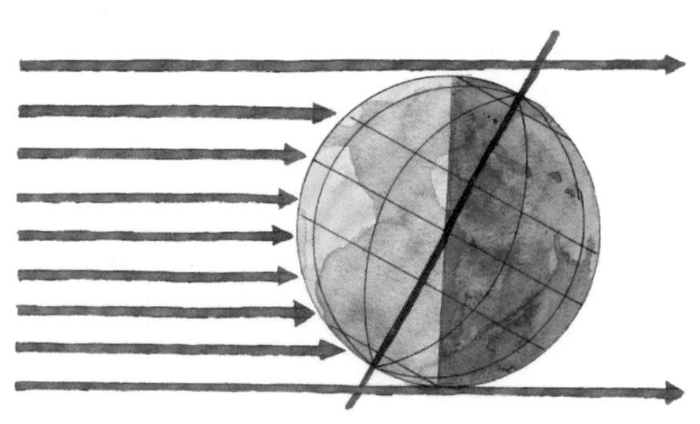

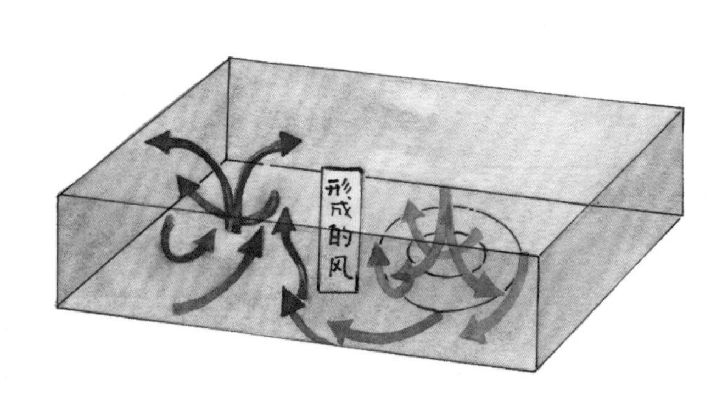

▶ 气流影响了气候

气流把热量从热带地区转移，赤道的附近形成了温暖潮湿的气候带；距离赤道较远的偏南和偏北区域由于没有水汽，所以是干燥的沙漠气候。两极地区离热带太过遥远，气候干燥又寒冷。这些地区是经常受强劲盛行风影响。

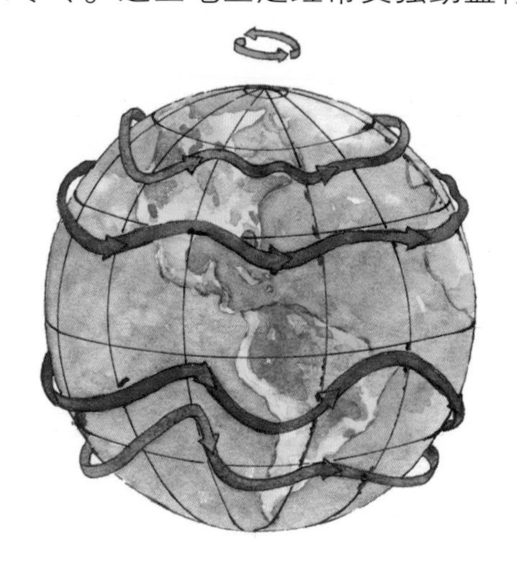

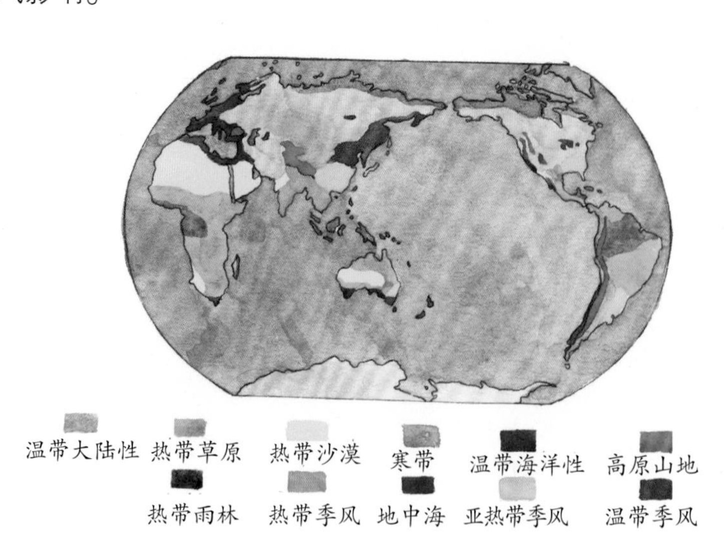

▶天空有可能是紫色的

晴朗的日子里抬头仰望，能看见蔚蓝的天空。为什么天空会是蓝色的呢？

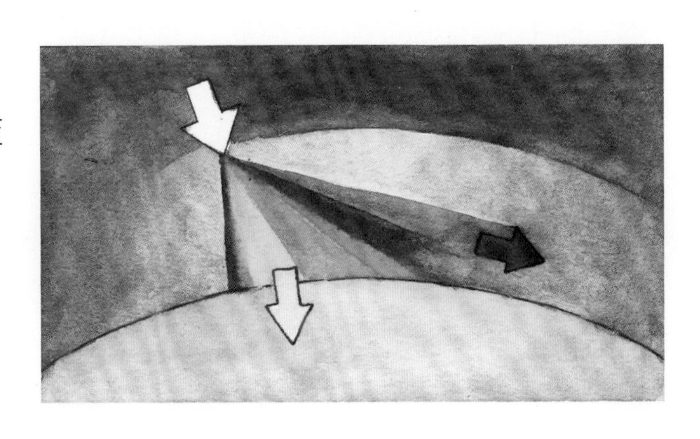

夜晚的天空黑漆漆的，那是因为太阳发出黑光吗？

看似白色的太阳光其实是由红、橙、黄、绿、蓝、靛、紫七种颜色组成的。当阳光透过高空射向地面时，围绕在地球周围的大气层会与灰尘发生碰撞而向各个方向扩散。红、橙、黄等长波光很容易穿透微粒到达地面，而蓝、靛、紫等短波光会被空中的微粒拦住，向周围散射开来。所以空气中就只呈现蓝色的光了。

那是因为晚上没有阳光可以折射啦！

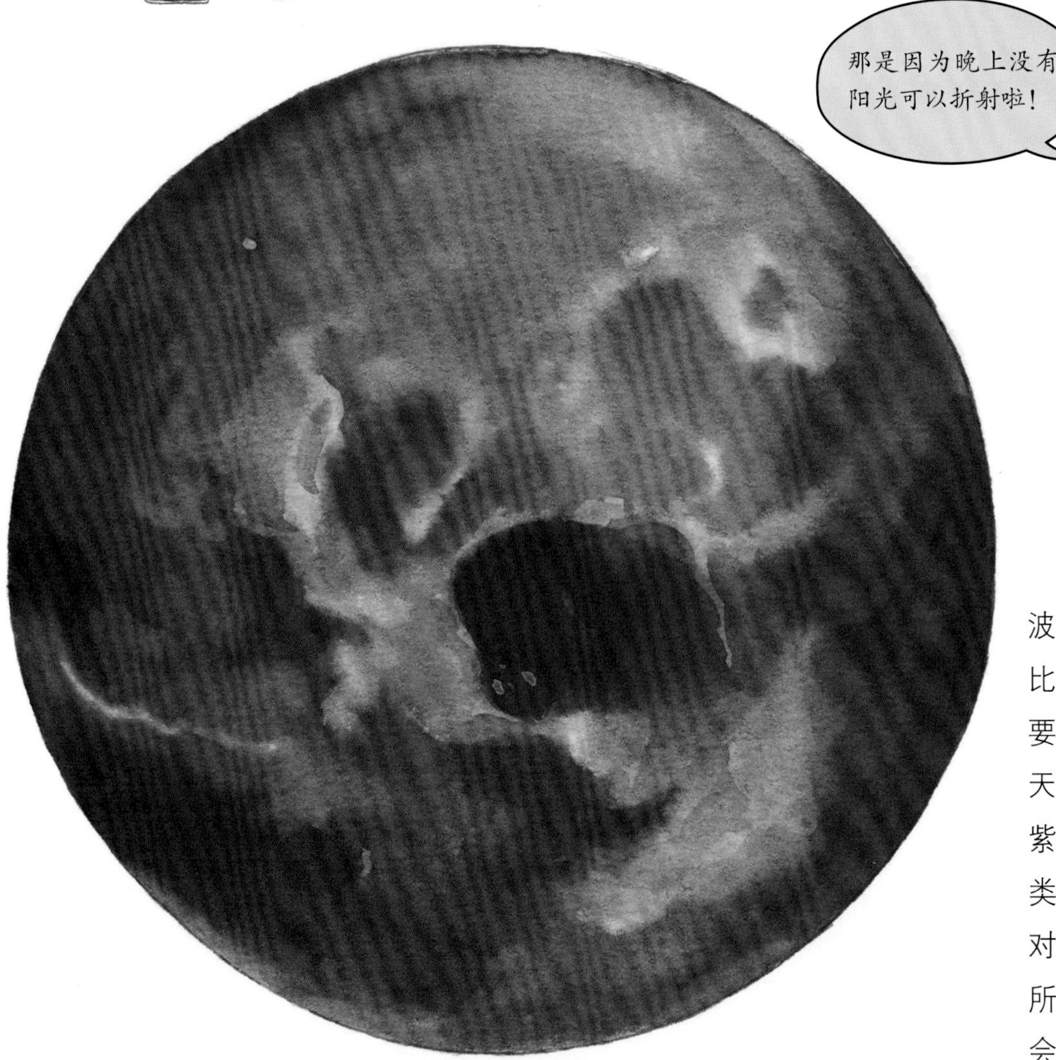

其实在大气中波长较短的紫色光比蓝色光散射得还要多，如此一来，天空看上去应该是紫色的。但由于人类的肉眼对蓝光比对紫光更为灵敏，所以看上去天空才会散发着蓝光。

▶ 磁场是地球的隐形外套

地球的地核涌动着炙热的液态金属，这些流动的液态金属产生电流，电流产生磁场。强大的磁场就像地球的一件隐形外套，保护着地球免受太空各种致命的辐射侵害，也可以使通信设备正常工作，避免来自太阳磁场的干扰。

▶ 地磁场的南北极

地磁场和磁铁一样也具有南北极，不过地磁场的南北极和地理南北极正好相反。地磁北极在地球的南极，而地磁南极在地球的北极。在南北极附近的地磁场是最强的，远离极地的赤道附近的磁场是最弱的。

▶ 指南针的秘密

受到地磁场的作用，无论如何晃动指南针，它的指针在静止时总是指着一个固定的方向。这是由于指南针的指针带有磁性，所以能够用来辨别方向。

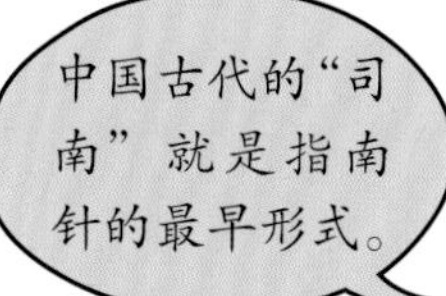

中国古代的“司南”就是指南针的最早形式。

咱们中国的科学在古时候就那么厉害啦！

磁极在不断移动

据美国宇航局的科学家说，从 19 世纪初期至今，地球的地磁北极已经向北移动了超过 1 100 千米。磁极的移动速度已经加快。据估计，现在磁极每年向北移动大约 64 千米，20 世纪每年大约移动 16 千米。

看来磁极就像我一样顽皮，喜欢跑来跑去的。

两极颠倒

地球每 20 万 ~ 30 万年，磁极就会两极颠倒一次，这样的循环已经持续了 2 000 万年了。完成一次逆转往往需要几百甚至数千年，在这段漫长的时间里，地球的磁极逐渐远离地球的自转轴，最终两极变换位置。

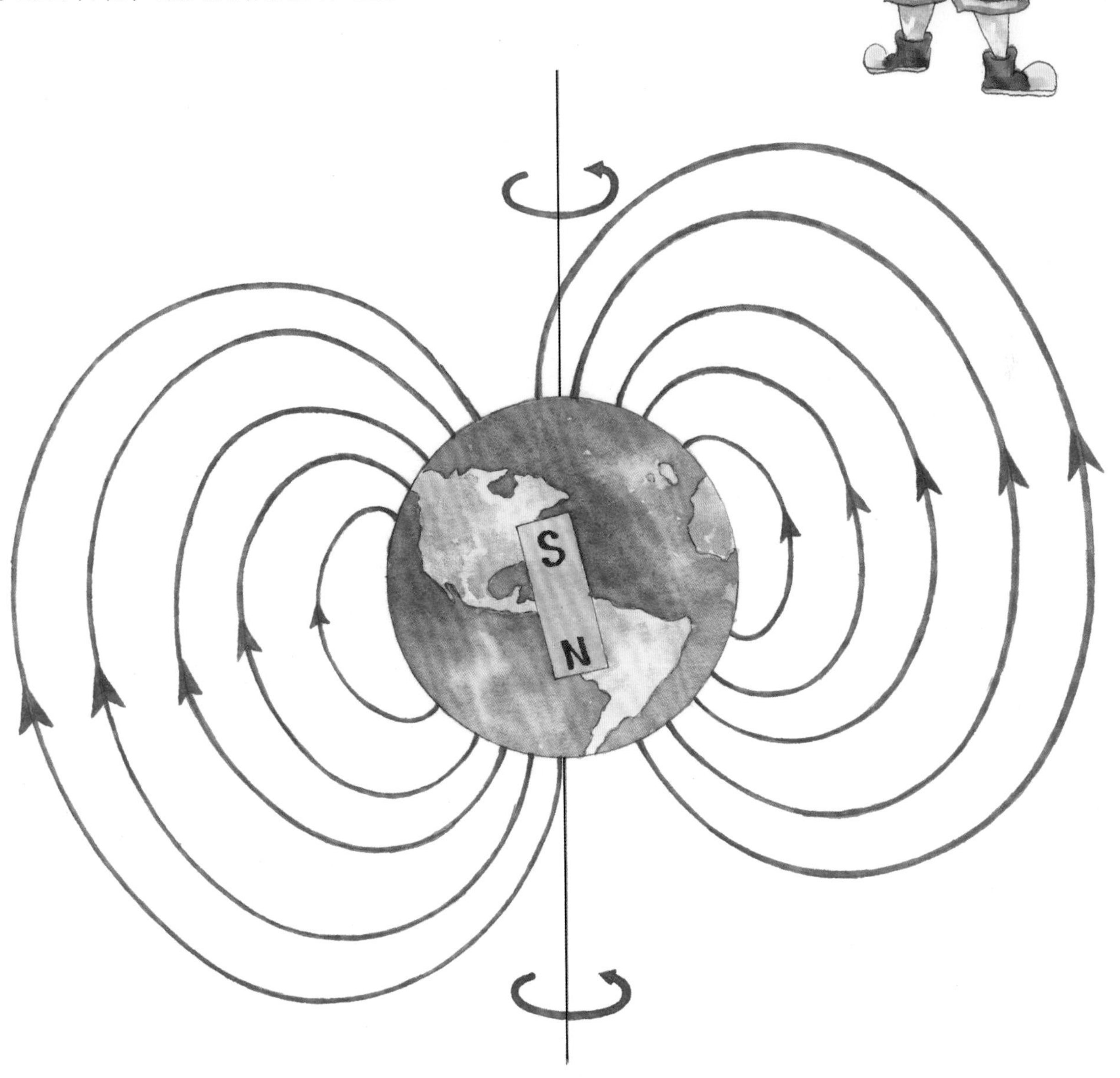

▶ 神秘的“隐形保护盾”

在地球上空 11 600 千米处存在一个“隐形保护盾”，这个保护盾发现于范艾伦辐射带，结构像两个油炸圈饼。保护盾充满了高能量电子和质子，能够阻挡威胁地球的电子侵袭。

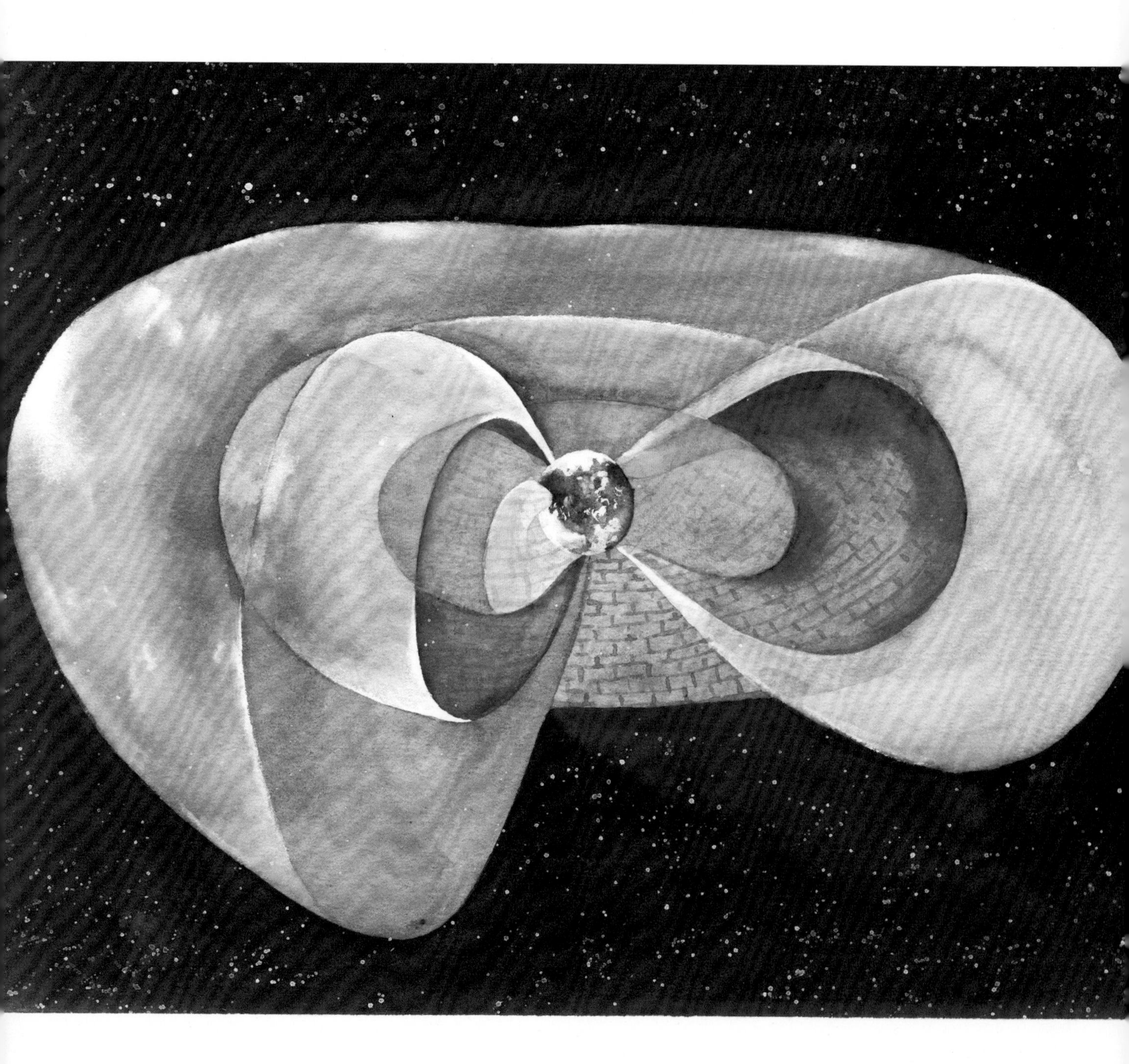

宇宙中的“杀手电子”以光速侵袭地球，不但威胁宇航员身体健康，损坏人造卫星和太空设备，还会破坏地球电网，影响地球气候，并增大人类癌症发病率。隐形盾能够阻挡这种超快的“杀手电子”，相当于在太空中架起了透明的壁垒。

第3节 无奇不有的世界地貌

高低不平的地面不是天生的

地球的表面高低差异很大，有像山一样高耸的地方，有像海沟一样凹陷的地方，有一望无际的平原，有蜿蜒起伏的丘陵。由于地球中心不断散发着热量，导致地幔一直在运动，造成了地面的高低不平。

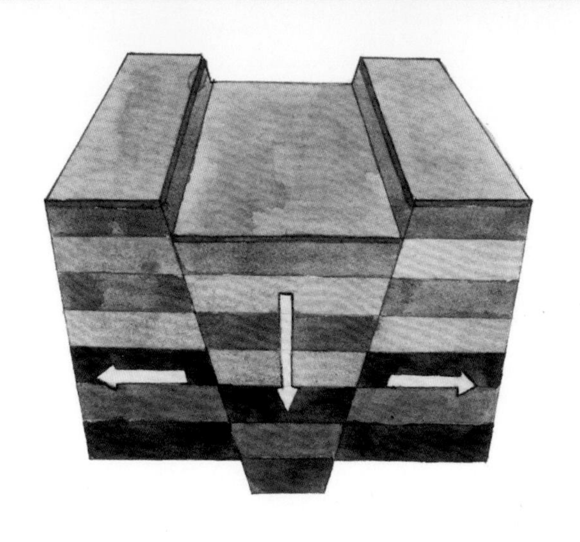

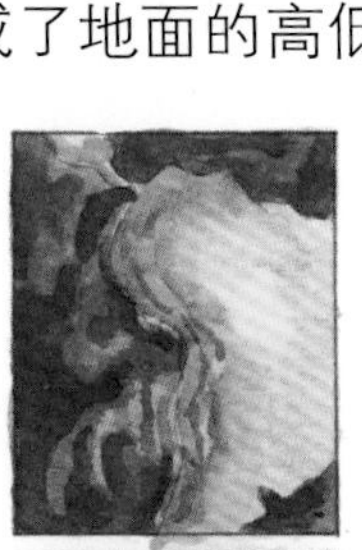

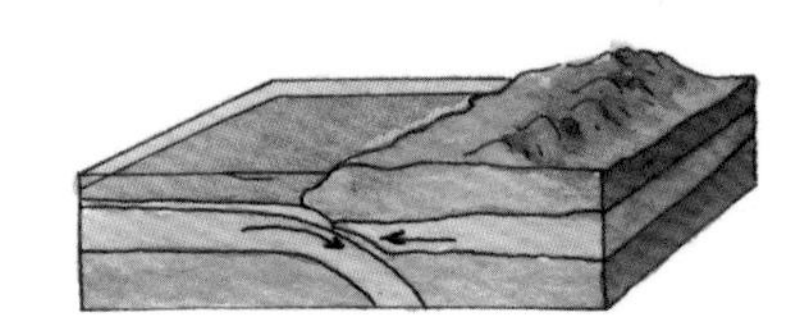

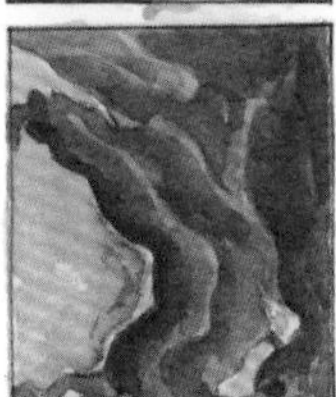

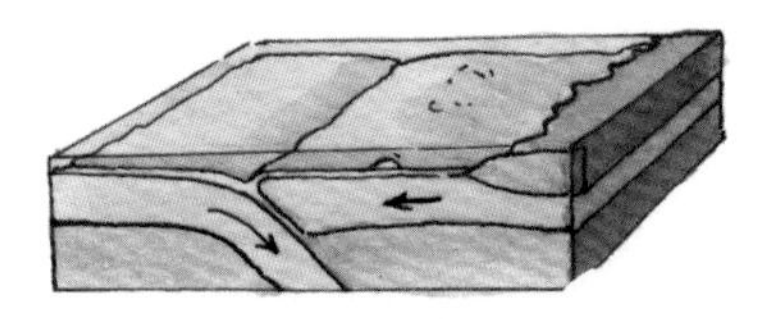

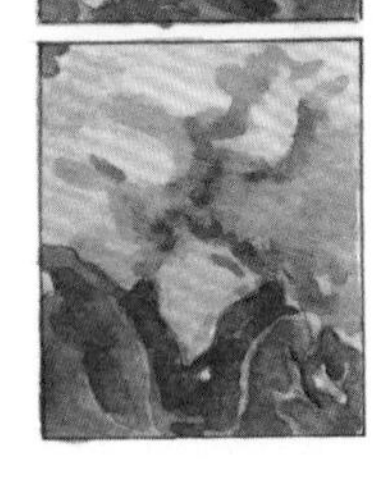

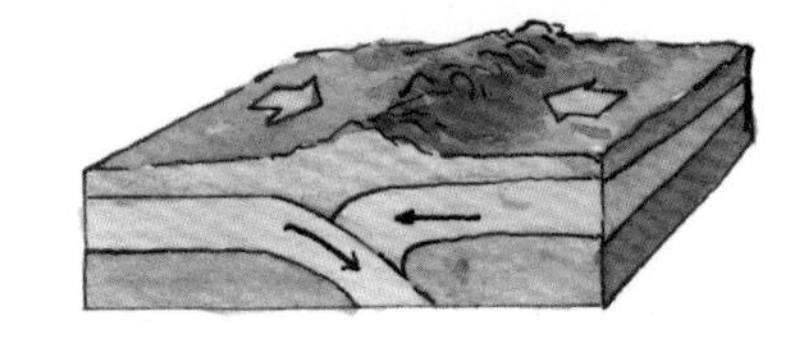

山不都是一样的

山有很多种，有高达数千米的雄峰，也有又矮又缓的山丘。很多山聚在一起还可以形成山脉。高山是高出周围地面的一种地形，是陆地的隆起。在世界的许多地方，都能看到连接在一起的大山，这些绵延千里的大山就是山脉，如安第斯山脉、喜马拉雅山脉等都是世界著名的山脉。

山是怎么形成的

地壳在地球的转动过程中，部分地区出现挤压现象。地壳在挤压过程中，容易发生断裂，在断裂的两侧相对地上升或下降，就会形成山脉。

不断长高的山脉

喜马拉雅山脉是由印度洋板块和欧亚板块碰撞形成的。地壳的运动是持续不断的，因此喜马拉雅山的高度也随之变化。它以每年 1 ~ 2 厘米的速度递增，不太容易被人们察觉。

请停止你的白日梦。

世界最长的山脉

世界上最长的山脉是南美的安第斯山脉。它纵贯南美大陆西部，北起北美洲的特立尼达岛，南至火地岛，全长近 9 000 千米，被称为“南美洲的脊梁”。

我也一直在长高！说不定有一天我会长的比喜马拉雅山还高呢！

▶ 高高低低的地貌

风、雨、流水等长年侵蚀着山和高原，形成了多样的地貌。裂谷是地球上最奇特的地貌之一。当相连的板块发生分裂的时候，它们之间就会产生一个巨大的裂谷。裂谷可以造就一个深陷大地的裂缝，也可以造就一块深入陆地的海洋。在大洋板块中心也会出现裂谷。

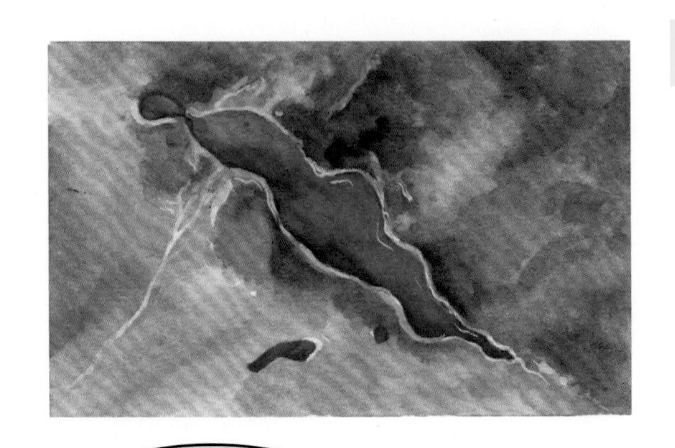

▶ 地球的伤疤

陆地板块的运动形成了裂谷，所以地球上的裂谷大多分布在陆地上板块运动相异的地方，如非洲和亚洲之间，或者北美大陆上的一些地方。东非大裂谷是地球上最大的裂谷，被称为“地球的伤疤”。一些地理学家预言，未来非洲将在裂谷处分裂，现在的非洲板块也将变成两个分裂的板块。

东非大裂谷是非洲地震最频繁、最强烈的地区。
这真像在大地上刻下了一道伤疤！

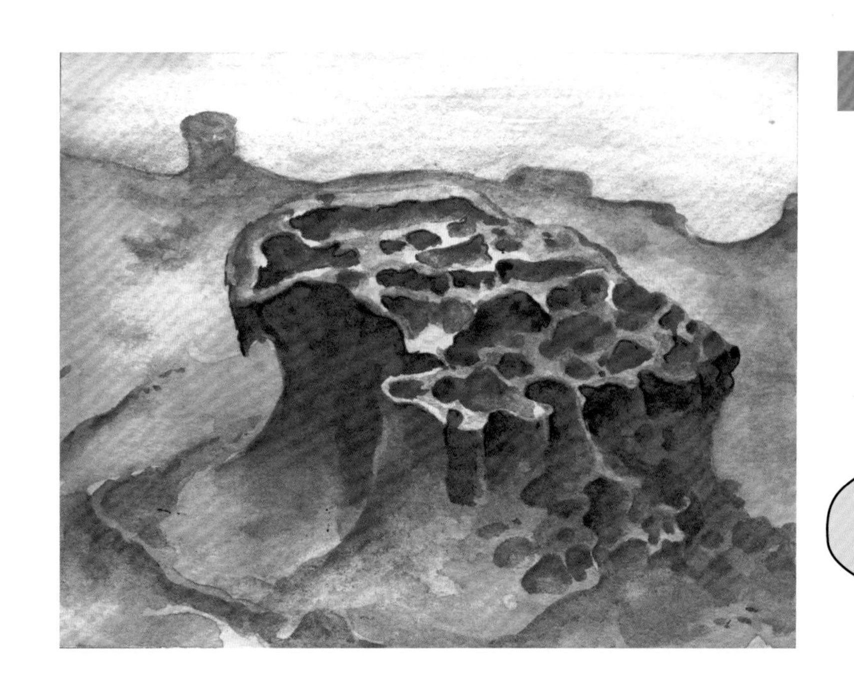

▶风和水联手改造地球

除了板块运动，还有两种改变地貌的原因，那就是风化和侵蚀。风化和侵蚀对岩石起到一定的破坏作用，导致地球表面也一直在变化着。

可惜这些蘑菇石不能采回家！

裸露的岩石经过各种气候的影响，如受到风、雨、冷、暖等大气状态的影响，岩石就会碎裂。最终，大的岩石变成了石块，又过了很长时间，变成了我们常见的沙砾和泥土。

蘑菇石的形成就是风化和侵蚀的共同结果。

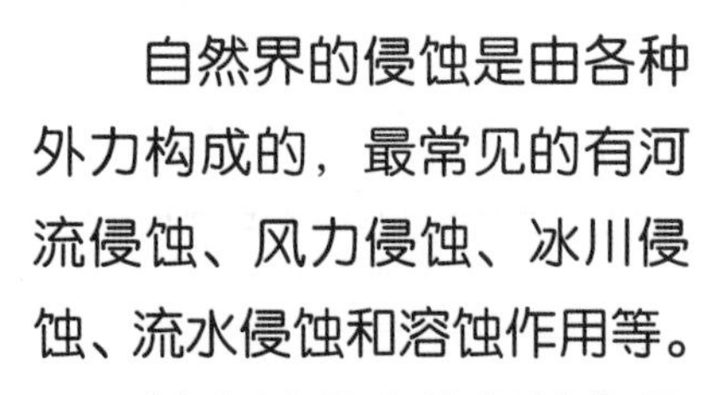

自然界的侵蚀是由各种外力构成的，最常见的有河流侵蚀、风力侵蚀、冰川侵蚀、流水侵蚀和溶蚀作用等。

其中以河流的侵蚀作用最为明显，古人云“滴水穿石”不是没有道理的。

沙漠风

沙漠风属于风力侵蚀，沙漠里没有充足的可以固定土壤的植被和水分，所以风很容易把松散的沙刮起来，形成沙暴。受风沙撞击的岩石也会磨蚀成沙，进一步增强风的侵蚀力。

丝绸之路的雅丹地貌

在中国的维吾尔语中，“雅丹”是“陡峻的小山丘”的意思，这是形容新疆孔雀河下游雅丹地区典型的风蚀性地貌的。夹沙气流磨蚀地面，使地面出现风蚀沟槽。磨蚀作用进一步发展，沟槽扩展成了风蚀洼地，洼地之间的地面相对高起，成为风蚀土墩。

火星上也有雅丹地貌

地球上的雅丹地貌主要分布于干旱的沙漠边缘地区。这种地区降雨量少，几乎没有植被，所以风蚀作用特别强烈。据说在地球以外的行星上也分布有雅丹地貌，如在火星赤道附近的梅杜莎槽沟层上分布着大面积的雅丹地貌。

喀斯特地貌

喀斯特地貌是指具有溶蚀力的水对可溶性岩石进行溶蚀所形成的地表和地下形态的总称，又称岩溶地貌。喀斯特地貌可以形成溶洞、天坑等奇特的自然现象。

中国云南的石林是典型的喀斯特地貌。

溶洞是怎么形成的

溶洞是一种天然的地下洞穴。在漫长的岁月里，由含有二氧化碳气体的地下水逐渐对石灰岩进行溶解而形成溶洞。溶洞在形成过程中不断扩大，并且相互连通，从而形成了大规模的地下世界。

钟乳石

地下岩洞的洞顶有很多裂隙，被含有二氧化碳的水分解后，生成碳酸氢钙溶液，石灰质沉淀下来，渐渐长成了钟乳石。钟乳石的生长速度十分缓慢，大约几百年才能长 1 厘米。

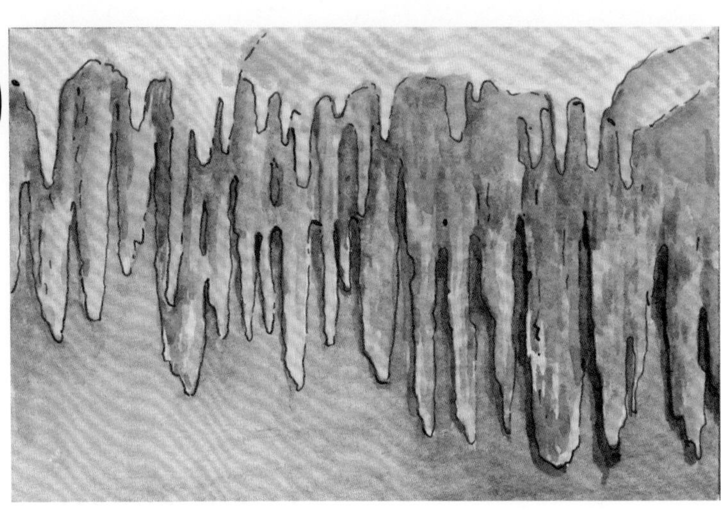

石笋

岩洞最顶端的水滴落下来时，里面所含的石灰质在地面上一点点沉积起来，犹如一根根冒出地面的竹笋。由于石笋比较牢固，所以它的生长速度比钟乳石快。有的石笋能达到 30 多米高形成石塔。

天然音乐厅

斯洛文尼亚共和国的波斯托伊那溶洞是闻名于世的石灰岩洞。这个岩洞的特别之处在于只要敲击一下那里的石柱，接着一连串的回音就会响彻洞内，犹如一个天然的音乐厅。

▶ 洪水的作品——羚羊峡谷

世界上著名的狭缝型峡谷是位于美国亚利桑纳州北方的羚羊峡谷。峡谷里常有大群的羚羊漫步。这里的地质构造是红砂岩，柔软的砂岩经过百万年的洪水与风力侵袭，整个峡谷布满造型奇特的岩石层，呈现一圈圈的红色斑纹，美丽得如梦幻世界。

在风季，只要下一场暴雨，就会有暴洪流入羚羊峡谷中。暴增的雨量让洪流速度加快，峡谷里狭窄的通道让雨水的侵蚀力也变大了。就这样形成了谷壁上坚硬光滑、好似行云流水般的痕迹。

羚羊峡谷必须由当地的合格导游带领参观，否则，只要一场大雨，这狭窄的天堂瞬间就可能变成一处急流奔腾、绝无逃生可能的“地狱”。

这里的景致真是太美了，不愧有“地下天堂”之称啊！

第4节 善变的气候令人惊叹

▶ 凶猛的雷电

闷热的午后或傍晚，地面的热空气携带着大量的水汽不断上升到空中，形成大块的积雨云。积雨云受到地面上升的热气流冲击，会发生电离，产生大量的电荷。

在闪电的冲击下，周围的大气和水汽剧烈膨胀，就产生了“隆隆”的雷鸣声。

我最怕雷声和闪电了！

当两种带不同电荷的积雨云接近时，会互相吸引而出现闪电。闪电能把空气加热到大约 30 000℃，导致空气迅速膨胀。不断膨胀的空气产生冲击波，最终“嘭”的一声发生爆炸，这就是众所周知的打雷。

卡塔通博闪电是全球最为令人惊叹的大气现象之一，也是地球上最大的天然“发电机”。一年中过半的日子，委内瑞拉的孔古米拉尔多村附近都会发生连续的闪电。这里遍布着雷积云，发出的巨大电弧可以长达 2 ~ 10 千米，强度高达 40 万安培。

夜晚，白色、红色和紫色的闪电照亮天空，由于卡塔通博闪电发生时能轻易地从 402 千米外的地方看见，因此当地渔民在夜晚航行时把闪电作为天然灯塔使用，卡塔通博闪电又被称为“马拉开波灯塔”。

▶ 千姿百态的云

云没有固定的形状，它的形状是随时变化的，所以说云是“千姿百态”的一点也不为过。洁白、光亮、一丝一缕的云叫“卷云”，弥漫天空、均匀笼罩着大地、看不见边缘的云叫“层云”，一堆堆、一团团拼缀而成并向上发展的云叫“积云”。

▶ 不散的云

在一些地方，因为地形或其他原因，常年被云层笼罩，这些云带来了非常多的降雨，甚至可以把这个地区变为沼泽地。

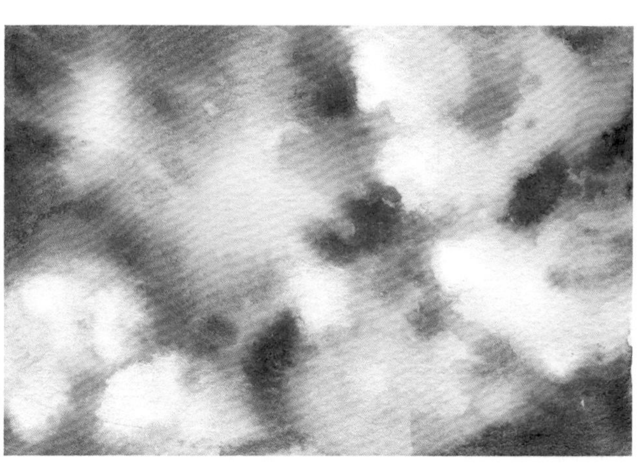

▶ 看云识天气

气象学家根据云的高度或外形，把云做了详细的分类，如卷云、层云和积雨云。这些云的变化都是有规律的，通过对比不同的云，就可以对未来的天气进行预测，所以气象工作者常常通过观察云来预测天气。

积雨云

有一种好像山峰一样高耸的云，叫“积雨云”，它会给我们带来强烈的降雨。有的积雨云非常高，甚至比珠穆朗玛峰还要高。

云的分量不轻，10亿立方米的一朵积雨云有550吨，相当于100头大象。

像一条吸管的云朵

管状云被称为“晨暮之光”，是澳大利亚昆士兰州约克角半岛附近产生的特殊云朵。最长可以延伸到约966千米，移动的速度最快可达每小时约56千米。飞行员最怕穿越这种长条状的云朵。

管状云的形成是东边吹来的秋风在白天吹过半岛，在深夜遭遇来自西海岸的海风，两股海风撞击在一起后转向西南方重回内陆。潮湿的海洋空气在早晨升起，遇到这一股交缠的海风，迅速冷却凝结，形成一条条管状的云彩。

▶ 彩虹是小水珠搭建的“桥”

雨过天晴之后，在与太阳相对方向的天空中，可能会出现一道弯弯的彩虹。这是由于雨后的空气中有很多小水珠，当阳光照射到这些小水珠时，光线发生多次折射，经过这个过程，阳光中原有的七种颜色被分离开了。

▶ 火焰彩虹

火焰彩虹不是我们常见的半圆形，看起来更像彩虹堆积在云层之上自发的燃烧，这种现象叫作环地平弧。火焰彩虹是一种极其罕见的光学现象，形成的条件非常苛刻——只有太阳与地平线成58度角，同时在约6100米的高空上存在卷云时，才会形成这种冰晶折射现象。

▶ 日晕是由冰晶组成的

约 5 000 米的高空中出现卷云层时，由于云层中含有大冰晶，阳光经由冰晶折射，便在太阳周围形成了一圈巨大的彩色光环，这就是美丽的日晕。冰晶像是一面面棱镜，以不低于 22 度角折射太阳光。日晕光环的内部区域会稍显暗淡，那是因为太阳光线被折射开的原因。

日晕和月晕的出现，
往往预示着天气会发
生一定的变化。

▶ 月亮也有月晕

人们仰望月亮的时候，有时会发现月亮周围有一圈像彩虹一样艳丽的光环，这个内红外紫的光环就叫“月晕”。月晕又称“风圈”，常被认为是天气变化的预兆。月晕是月光在通过云层中的冰晶时，发生折射而形成的。

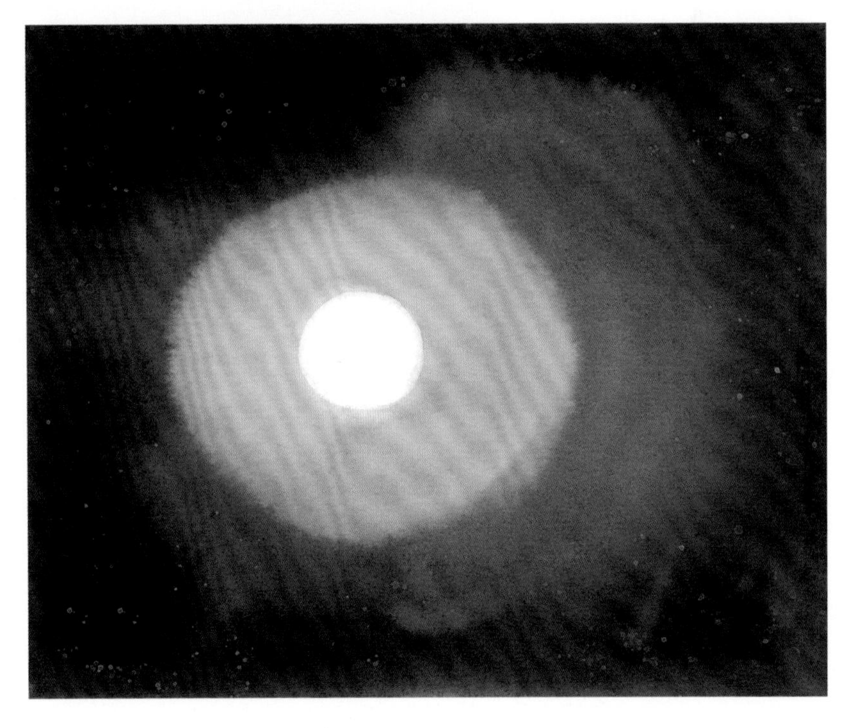

第5节 人类生命之源永不停息

流水不断，生命不息

水是人类的宝贵资源，也是一切生命之源。海洋汇聚了地球上绝大部分的水，它和冰川、河流、湖泊等共同组成地球上的水体。它们持续不断的运动构成水的循环，保证了地球上生命的存在。

地球上有几种水

地球上的水按照分布的空间不同，分为地表水、地下水、大气水和生物水。地表水主要指露在地面上的河流、湖泊、海洋、冰川等处的水；地下水主要是泉水和在地表以下流动的暗河，这是部分湖泊和河流的水源；大气水是大气中存在的水分；生物水就是储存在动植物体内的水分了。

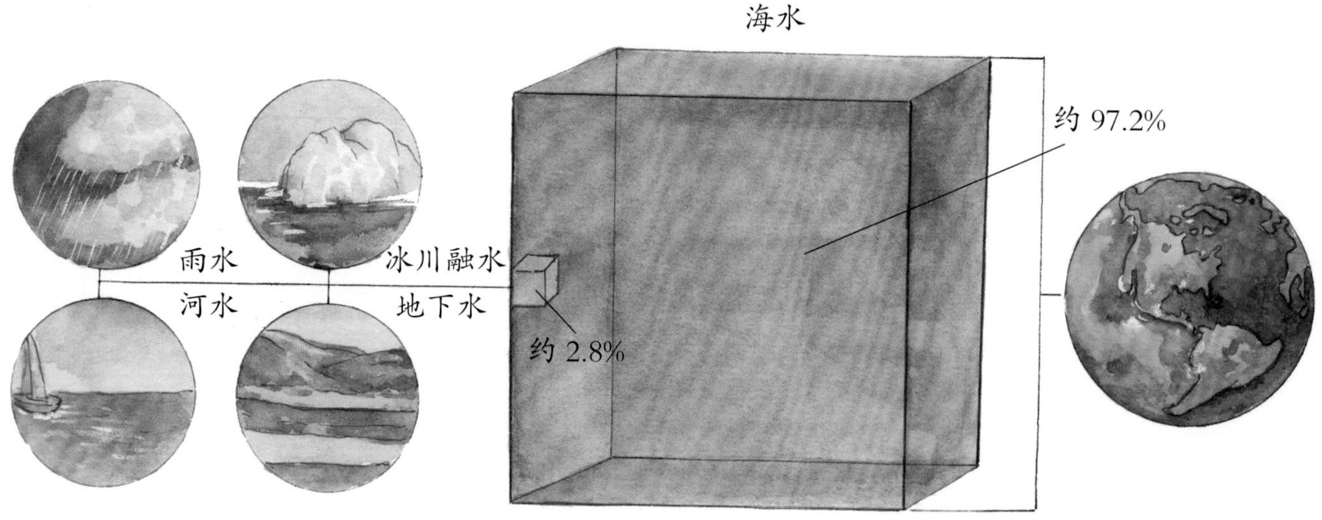

地球水体比例示意图

▶ 小水滴的大循环

地球上的水分子在日复一日地循环。太阳照耀海洋，蒸发产生大量的水蒸气，随着气流来到陆地上空，遇到冷空气便凝结为雨、雪等落到地面。地面上的水部分被蒸发返回大气，其余部分则流入江河湖泊或者地下暗河，最终回归大海。

▶ 雨水的地下旅行

从空中降落的雨水，有一大部分渗进了地下。渗进地下的雨水，在经过土层的时候可以为植物供给水分，滋养万物。更多的雨水透过层层土壤和岩石，进入地表深处的地下暗河，成了地球的储备水源。

▶ 海洋和陆地哪个更宽广

地球的表面分为海洋和陆地两部分。陆地约占地球表面积的 29%，海洋约占 71%。由于海洋占据了大量面积，在太空中看到的地球是一颗美丽的蓝色星球，所以，地球又被称为“蓝星”。地球上种类众多的生物分别以陆地或海洋为家园生息繁衍着。

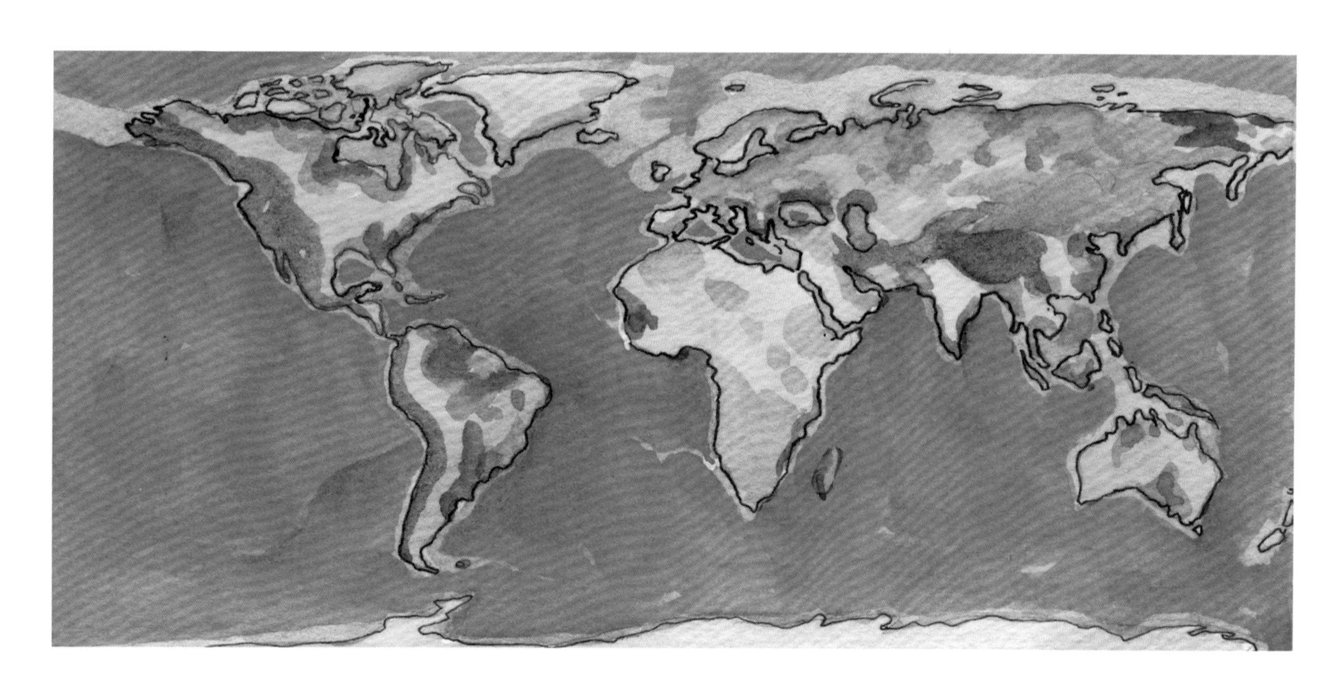

▶ 在神秘的大海里淘金

地球表面大部分被海洋覆盖，然而人类探测过的海洋大约只有海洋总面积的 5%，也就是说，地球上 95% 的海洋至今还是一个不为人知的陌生领域。

辽阔的海洋充满财富，海水中含有大量微小的金元素，估计总数超过 2 000 万吨。然而每升海水仅含约 1/130 亿克的金，含量很少。还有大部分不溶于水的金子藏在深海的岩石里，现在还没有获得这些贵金属的有效方法。

河流的礼物

河流在大地上流淌，经过山地平原，沿路侵蚀着一切，切割出一张纵横交错的水路网络。流水夹杂着沙石和淤泥，一直流到下游地带。这些杂物最终堆积成大面积的沉淀物，让土地变得肥沃，给植物带来养分，也改变了无数的地貌。

河流是孕育文明的母亲

河流的力量是巨大的，在它的作用下，高原能变成平地，高山能被切成峡谷。最重要的是，河流能孕育生命。陆地上的生命离不开水源，世界上所有的人类文明几乎都发源于大河边上。尼罗河流域孕育了古埃及文明，而黄河流域孕育了整个东亚文明。

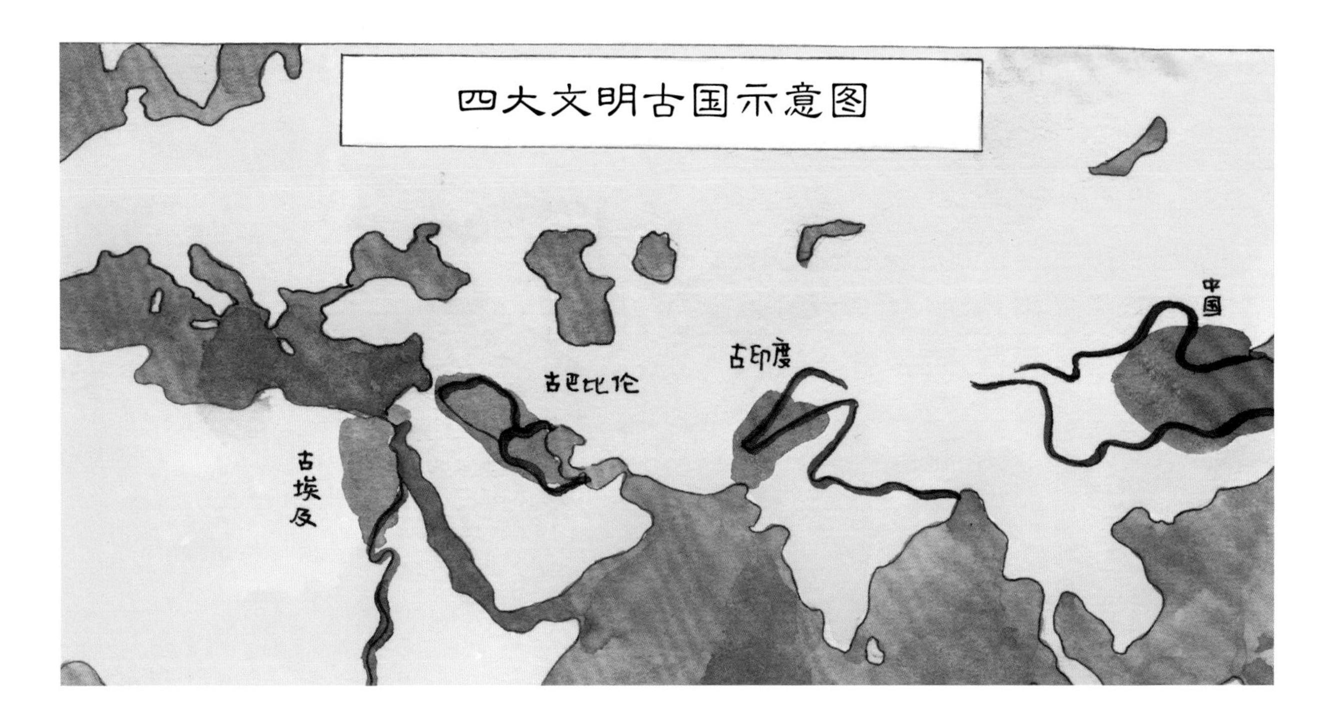

▶ 神奇的河水倒流

古老的亚马孙河横越南美大陆，把大量的水注入大西洋。但亚马孙河流速缓慢，河床平坦，入海口宽阔，使得河道受到海潮的定期灌注。当海潮比河水高涨时，会把亚马孙河的水流往回推，就出现了神奇的河水倒流现象，这种倒流的情况最多达到 800 多千米。

倒灌的海水还能帮助万吨轮船节省能源。万吨轮船不用开动，就能随着奔腾的水流从海岸直行到巴西中部，航程接近 800 千米。

▶ 能烫熟鸡蛋的热泉

在火山活跃的水域，地脉底下会有很高的热量。当冰凉的水遇到滚烫的岩石，会以沸腾热泉的形式被喷回地表。而在海洋深处的火山地区，这种情况则会引发喷射超高温热水，形成一条垂直向上的“黑烟囱”。遇到热泉最好躲开，因为热泉的温度能达到300℃以上，能烫熟鸡蛋。

美国著名的“老忠实喷泉”就是一个间歇泉。

▶ 喷一会儿歇一会的泉水

间歇泉，顾名思义，就是间歇喷涌的泉水。间歇泉喷射的规律通常是喷涌几分钟或几十分钟后就渐渐停止，“酝酿”一段时间后，再次进行新一轮的喷发。间歇泉分布在火山活跃地区，主要是地下水被加热后向外喷发产生的。由于加热是需要一段时间的，所以就造成了间歇喷发的现象。

▶ 湖里的水是永不流动的吗

湖泊有内流湖与外流湖之分。内流湖的特点是有进无出，即水流注入某个水域后不会以任何形式再流出去；而外流湖恰恰相反，它的水流从一侧流入，从另一侧流出，最终流入海洋。

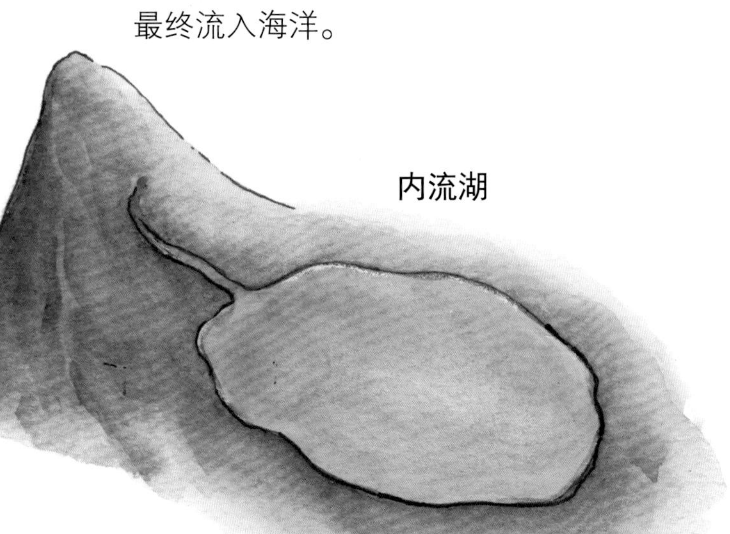

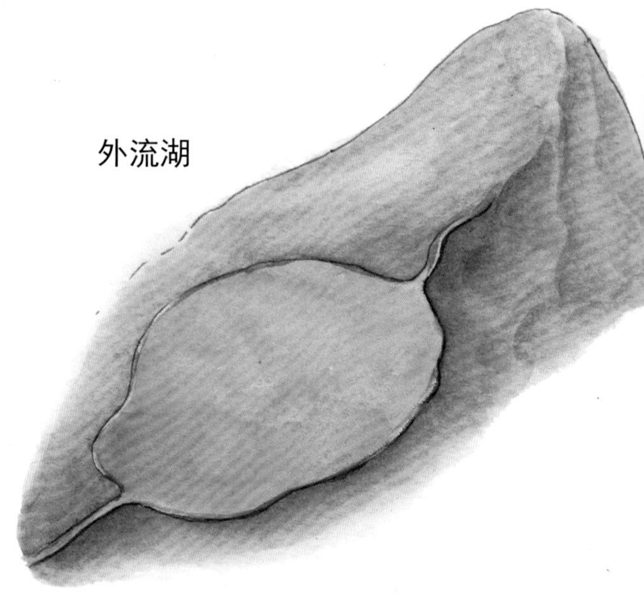

▶ “谜语之海”——贝加尔湖

贝加尔湖既有湖的特征，又有海的特点，因此被古代的西伯利亚人称为“谜语之海”。它的湖水没有一点咸味，可湖里却生活着海豹，湖底还有一种长成浓密丛林似的海绵，这是在其他任何湖泊里都找不到的。

▶ 湖泊不是一成不变的

湖泊中的水体流动性小，变动小，所以水中携带的泥沙很容易沉积在湖底，使湖底越来越高，最终成为一块陆地。有时湖泊中盐类物质积累得过多，就变成了盐水湖。

▶ 神奇的死海

死海不是海，而是盐水湖，位于亚洲西南部的约旦谷地。湖面低于地中海海面约 392 米，是世界上海拔最低的湖泊。在死海人们可以躺着看报纸，享受日光浴，不用担心沉下去。这是由于死海的蒸发量很大，而流入死海的水又很少，使得死海的含盐量比普通海洋的含盐量高了七八倍。

住在死海附近就不用买盐啦！
死海的水如此之咸，没有植物或动物能在里面生存。

火山是如何变成湖的

火山喷发后会出现一个凹进去的火山口，像一个巨大的漏斗。经过长年累月的降雨和积雪，这个大漏斗储满了水，形成了火山湖。火山湖的水全靠雨露霜雪，所以更换速度并不快，往往要上百年，甚至几百年才能完全更换一次。

著名的长白山天池就是中国最大的火山湖。

火山湖原来真的是长在火山里的！

恐怖的爆炸湖

基伍湖位于刚果民主共和国与卢旺达的边界上，以爆炸而闻名于世。由于基伍湖富含甲烷，这就意味着一旦这些气体被释放到空气中，就很容易发生爆炸。此外，湖下岩浆释放的二氧化碳，使得湖水中含有高浓度的二氧化碳，会导致附近的人因缺氧而窒息。

第6节 极地气候带极其险峻

最寒冷的沙漠

沙漠不全都是热乎乎的，因为沙漠是靠降雨量来定义的，而不是靠沙子及骆驼。所以，全世界最大的沙漠不是著名的撒哈拉沙漠，而是极度寒冷的南极洲。面积 1 295 万平方千米的南极洲，每年的降雨量只有 203 毫米。

南极点极其寒冷，最低温度曾达到过 −94.5℃！
天呀，企鹅们不会被冻成冰棍吗？

第一个抵达南极点的人

历史上第一个成功横穿南极沙漠抵达南极的人是挪威的探险家罗阿尔德·阿蒙森。在 1911 年，他和四个伙伴驾驶着狗拉的雪橇，历时 50 多天终于成功抵达南极，在南极点上插上了第一根代表人类光临的标杆。

南极才是最冷的地方

南极和北极分别位于地球的两端，终年被冰雪覆盖，温度很低，天气都极其寒冷。由于北极地区覆盖着大量海水，还受到来自南面的暖流影响，所以相对来说没有那么冷。而南极主要由冻土大陆组成，千万年以来都覆盖着厚厚的冰川，相对北极更加寒冷。

冰山是地球上的淡水资源之一。世界上一些缺乏水资源的国家，正在研究如何将南极的冰山运回本国，以解决当地水荒与土地干旱的问题。

得多少人才能喝下一座冰山那么多的水啊？

名不虚传的冰山大陆

南极的冰层平均厚度为 1 680 米，最厚处可达 4 000 米，冰川总体积约为 2 800 万立方千米；北极的冰层厚度为 2 ~ 4 米，冰川总体积只有南极的 1/10。

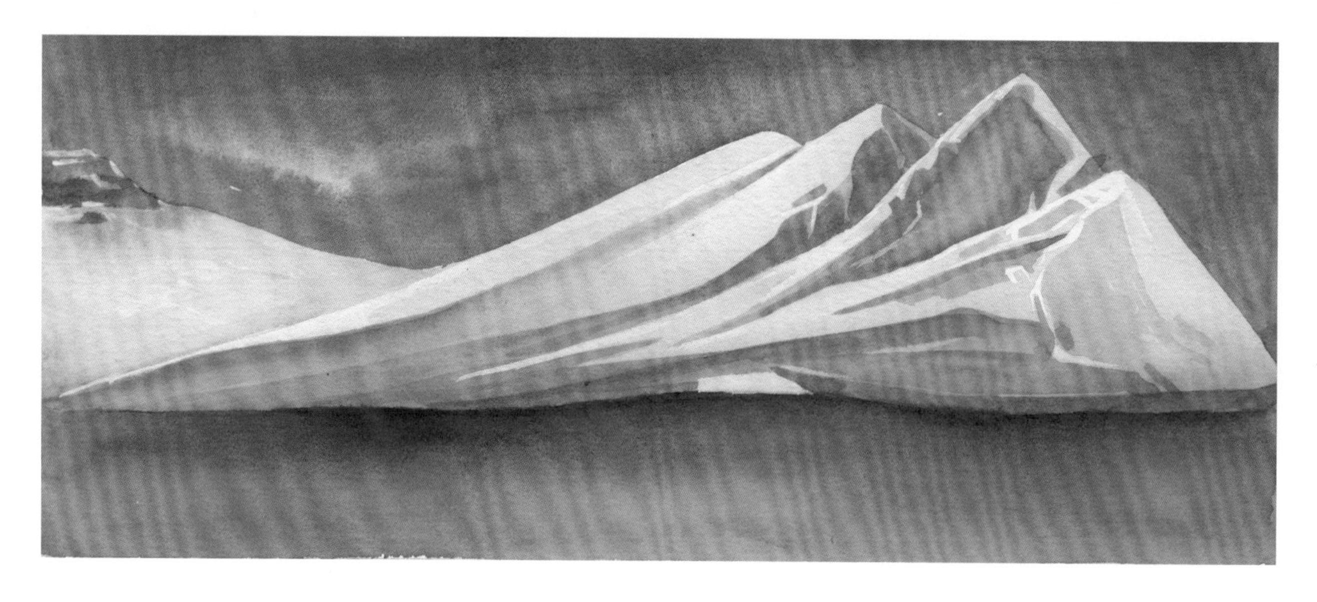

太阳带来了极光

在两极地区的晚上，空中时常舞动着弧状、带状或幕状的极光，炫目而美丽。这是在高磁玮地区高空中，大气稀薄的地方独有的一种光现象。极光是太阳风吹到地球后，与地球两极的大气层发生激烈碰撞而形成的。

罕见的红色极光

极光的颜色丰富，微弱时呈白色，明亮时呈黄绿色，还会变幻成绿、灰、蓝等多种颜色。在阿拉斯加的上空，由于氧的高度电离化，于是就形成了一种非常罕见的红色极光。

日不落的北极夏季

在北极地区的夏季，太阳总是斜挂在空中，始终不落山，整个北极地区，不论白天夜晚，都暴露在阳光之下，这种现象被称为“极昼”。

北极夏季可能不再大规模结冰

由于全球气候变暖，北极的冰山融化加速，高温让冬季缩短，北极冰盖消融将超出正常的速度，结冰的速度跟不上融化的速度。所以，短时间之内北极在夏季将不会再有大规模结冰现象。

没有黑夜，那生活在北极的人们怎么睡觉？

由于地球保持着 23.5° 的倾斜角度进行自转，越靠近北极或南极，昼夜的差异就越大，因此就产生了夏季北极持续极昼，南极地区持续极夜的现象。

在南极圈和北极圈以内，只有两个季节交替变化：半年是夏季，半年是冬季。

▶ 冰屋一点也不冷

因纽特人是居住在地球最北端的民族。因为他们常年生活在冰天雪地中，所以他们的房子也是用冰和雪砌成的，叫作“冰屋”。这种冰屋阻挡了寒风，也隔绝了低温的侵袭。好多人都以为冰屋里很冷，其实恰恰相反。

▶ 在因纽特人的冰屋里升火会怎么样

在因纽特人的冰屋里点火，会使冰墙融化。由于冰屋是圆形结构，四周受热均匀，所以融化的冰水只会被冰墙吸收。同时，开门的时候会有冷风吹到屋内，使屋内的温度降下来，这样渗透的水就又会变成冰，使冰屋更牢固。

沙漠是怎么来的

地球上赤道附近的地带是最容易形成沙漠的地方。世界上很多著名的大沙漠都分布在这些地区。在这些地区，阳光照射下的水蒸发量比降水量多得多，绿植无法生存，岩石被风化，渐渐地就形成了沙漠。

非洲的撒哈拉大沙漠、我国的塔克拉玛干沙漠等沙漠，白天的最高温度都超过了45℃。

五颜六色的沙漠

沙漠中的沙子是由岩石风化而来的。由于岩石中的矿物质不同，沙漠会呈现不同的颜色。岩石含铁，沙漠就是红色的；岩石含有石膏质，沙漠就是白色的；岩石含黑色的物质，沙漠就是黑色的。

神秘的沙漠绿洲

要形成绿洲，肯定要有水源。绿洲一般都在高山下。到了夏天，融化的雪水顺着山坡流成小河。河流经过沙漠时，会渗进沙子里，形成地下水。这些地下水流到低洼的地方，又会冲出地面。有了这些水源，各种植物才开始生长，慢慢地就形成了绿洲。

第 7 节 让人心惊胆战的自然灾害

▶ 地球的振动模式

地震大多是地壳内部的不断运动和地球自转相互作用的结果。巨大而坚硬的岩石受到扭曲力量的作用，逐渐发生了断裂。当这些断裂来得非常突然又很大时，就产生了破坏力极大的地震波。波动传到地面，地震就发生了。

地球上常发生
地震的地区，
被称为地震带。

地震就是地球开启了振动模式！

▶ 地震的最高等级

地震是根据其释放能量的多少来划分大小的，通常是用“级”来表示。震源越浅，地震等级越大，震级越大，对环境造成的破坏也越大。地球上发生过最大的地震震级目前是 9.5 级。

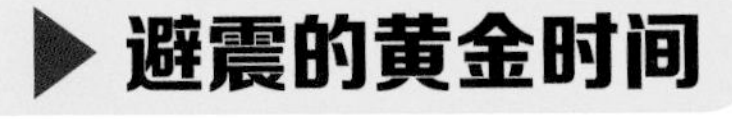

▶ 避震的黄金时间

当地震发生时，首先能感受到上下晃动，这是由于地壳的纵波到达了，紧接着大地开始左右前后摇动，这是横波来了。在地震中，破坏性强大的横波一般要比纵波晚一些到达，这短暂的间隔就是避震的黄金时间。

▶ 海啸不光是地震引起的

海底世界并不是一片寂静，有时也会发生强烈的地震。这时候，巨大的震荡波会使海水产生剧烈的起伏，形成强大的波浪，向前推进。当这股波浪进入大陆架时，由于地底深度急剧变浅，波高突然增大，于是形成了高达几十米、具有强大破坏力的巨浪，这就是海啸。

除了地震，海底火山爆发、水下滑坡、人为的水底核爆和陨石撞击等因素都可能造成海啸。

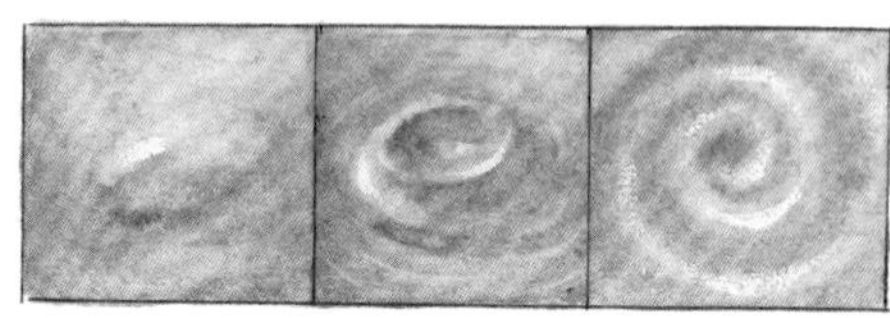

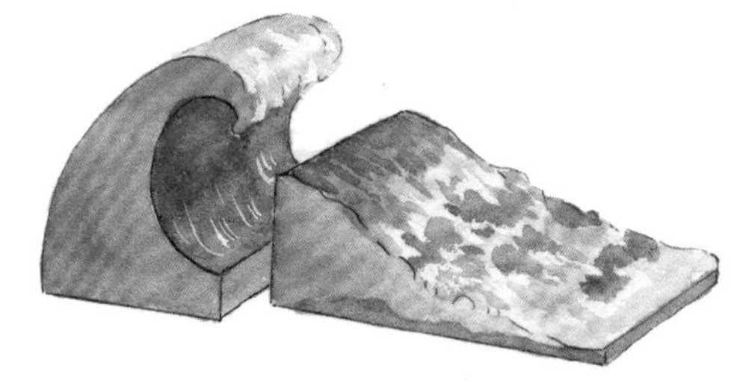

▶ 巨大而恐怖的水墙

海啸并非是一个放大版的普通海浪，它的波很长，需要花几分钟而非一两秒才能向前推进。它看起来像是一个超高的浪潮，涌到岸上时就像把海洋向前推进了一大步，淹没所有的东西。

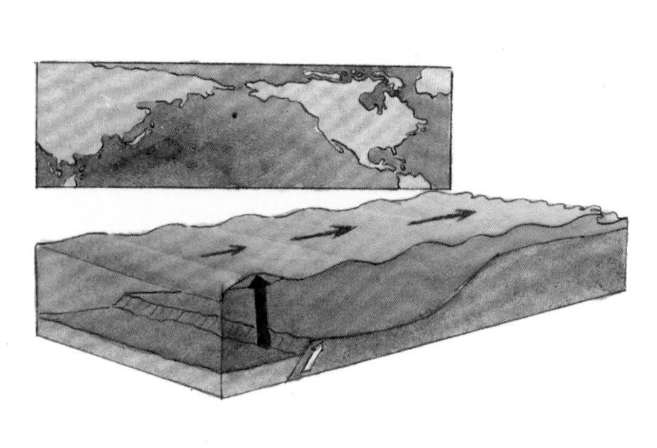

▶ 海啸来临前的退潮

一般情况下，海啸来临之前，海潮会突然退到离沙滩很远的地方。这不是灾难停止，恰恰是恐怖的开端。因为当波谷抵达海岸后，海水只好下降补充，等待超高的波峰袭来。

▶ 摧毁一切的“液体推土机”

巨大的水波以极快的速度压迫着洋面向前行进，成为滔天巨浪，它就像一台庞大的液体推土机一样，以摧枯拉朽之势摧毁沿途的一切。海水上漂浮的杂物给它增加了破坏性能量，使它变得更加可怕，被卷入其中的任何人都很难活下来。

▶ 风中霸主龙卷风

龙卷风是一种强烈的旋风，它一边高速旋转，一边向前移动。上端与积雨云相接，下端有的悬在半空中，有的直接延伸到地面或水面。龙卷风的破坏能力非常大，往往使成片的庄稼和树木瞬间被毁，令交通中断、房屋倒塌、人畜生命受到威胁。

▶ 你跑不过龙卷风

龙卷风的速度极快，平均风速能达到每秒钟 100 米，最快时大约每秒钟 175 米。龙卷风从发生到消失最少有几分钟，最多几个小时。虽然它的直径一般只有 25 ~ 100 米，但却丝毫没有影响它巨大的破坏力。

高大的卷筒

龙卷风的外观往往像一条直通天空的旋转的筒子，其实我们看到的是龙卷风当中的冷凝云、被卷起的土和其他东西。龙卷风是看不见的。

火怪龙卷风

在发生森林大火时，偶尔会出现火旋风，也就是火焰形成的龙卷风。在风的作用下，9～60米的火苗形成一个垂直的旋涡。火焰龙卷风持续时间很短，只有几分钟。

▶ 飓风产生的地方

有充足的阳光、饱含水分的空气的地方，如赤道附近的热带海洋，是唯一可以产生飓风的地方。当热带海洋面上产生巨大的低气压时，周围的冷空气就会被吸收进去，产生飓风。

▶ 飓风就爱转个不停

受地球自转的影响，飓风在形成的时候就开始旋转了。飓风在北半球和南半球的旋转方向正好相反：北半球的飓风按逆时针方向旋转，而南半球的飓风则按顺时针方向旋转。

▶ 飓风里的双胞胎

按照地理位置的不同，气旋分别被称为“飓风”和“台风”。在大西洋和北太平洋东部洋面上的强大热带气旋被习惯称为“飓风”，而在西北太平洋和我国南海海域上产生的大气旋则被习惯称为“台风”。飓风的最大速度可达 32.7 米 / 秒，风力达 12 级。

▶ 飓风可以覆盖半个国家

飓风的覆盖范围非常广阔，有时甚至可以影响整个国家和地区的气候变化。这样巨大的气候变化，必然会给途经的洋面和陆地带来灾难。

▶ 追寻飓风的勇士

在科学技术还不发达的时候，人们只能凭借过往经验来判断是否会有飓风产生。到了今天，人们利用人造卫星等新的科技手段来发现、分析并跟踪飓风，达到减少损失的目的。

▶ 一起跳舞的飓风

当两个强度相当的热带气旋相隔很近时，就会开始“跳舞”。它们会以两者连线的中心为圆心，共同绕着这个圆心逆时针(北半球)或顺时针(南半球)旋转，这就叫作双台风效应。

▶ 火山的种类

按照火山的活动情况可分为活火山、死火山和休眠火山。活火山是指目前还在频繁喷发的火山；死火山是指很久以前曾经喷发过，自从有人类历史记录以来没有发生过喷发的火山；而休眠火山就是长期以来处于相对静止状态的火山。

90%的活火山位于海底。

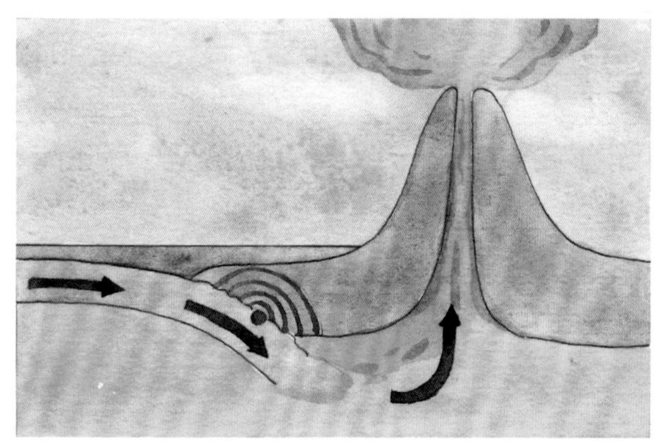

▶ 火山为什么会“生气”

火山口外地壳下 100 ~ 150 千米处，有高温高压的岩浆。当它们需要释放出自己的能量时，就会从地壳最薄弱的地方冲出地表，形成火山喷发。小且频繁的火山喷发是由岩浆补给活动引发的，较大且不太频繁的火山喷发是由地下低密度岩浆缓慢积累造成的。

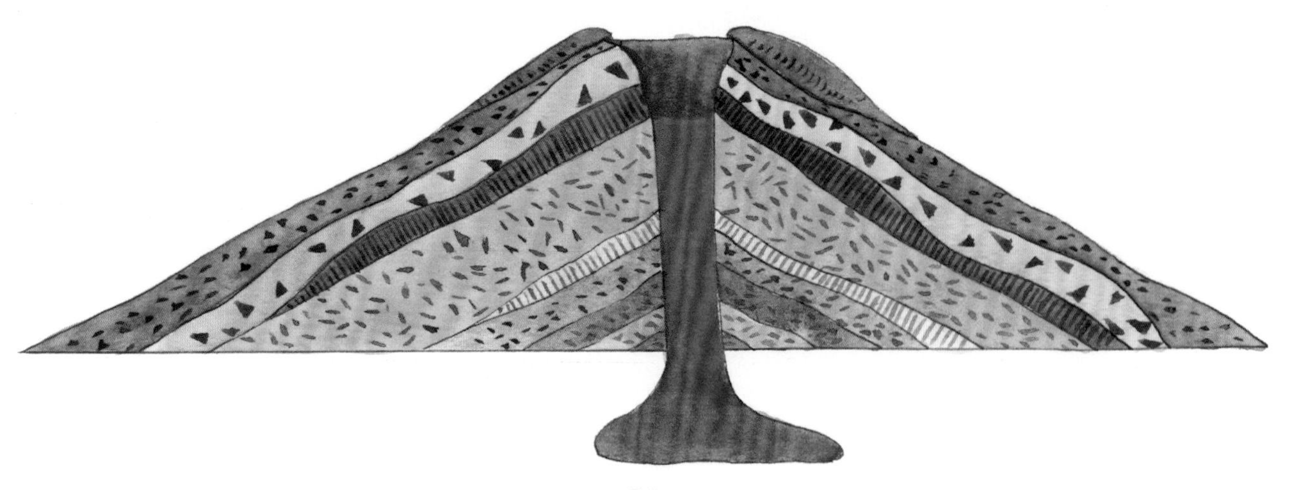

岩浆和火山灰

岩浆和火山灰总是一同出现。熔融状的硅酸盐和部分熔融的岩石组成了岩浆，岩浆奔腾之处还有大量由岩石、矿物和玻璃状碎片组成的火山灰。火山灰可以在大气的平流层长时间漂浮，遮挡阳光，对地球气候产生严重影响，同时也会影响人、畜的呼吸系统。

最活跃的火山

位于意大利南部西海岸的斯特朗博利火山是一座非常活跃的火山。在超过 2 000 年的时间里它几乎一直在喷发，被称为“地中海的天然灯塔”。

▶ 各种各样的雾

在山谷里，下方的空气在向上爬升时，温度会降低，水蒸气凝结成小水滴，就形成了山谷里的雾；从陆地飘向海面的暖空气，受寒冷洋面的影响，温度降低，就形成了海雾；而在北冰洋洋面，雾从海面上升起，就像是水蒸气从沸水里冒出来。

▶ 大雾成灾

大雾有时也会造成灾害。有雾的天气能见度很低，这样很容易引发交通事故。当雾包裹住了一切，有时候你甚至连马路对面都看不清楚。

博士，你在哪儿？这里的雾太浓了！

▶ 驱散浓雾

利用人工降雨的方法可以驱散浓雾。向空气中抛撒干冰、碘化银等催化剂可以使浓雾快速地转变成水滴，落到地面，从而减少浓雾天气造成的影响。

英国伦敦由于常年弥漫着大雾，所以被称为“雾都”。

▶ 下雪也不总是美好的

强降雪与暴风雪都会给人们的生产和生活带来灾难。雪灾不仅会造成气温骤然下降、风雪弥漫、大雪封路、压坏线路和电源，还会使一些地方出现洪水泛滥、道路结冰、交通瘫痪等恶劣状况。

噢咦噢咦喂！

别在雪山里叫喊，声波容易引发雪崩！

▶ 覆盖一切的雪崩

雪崩是一种严重的自然灾害，雪堆从高处坠落、奔流，成千上万吨的积雪夹杂着岩石碎块，高速呼啸而下，摧毁、掩盖途经的一切阻碍物。

第8节 地球给人类提供了各种能源

▶各式各样的能源

根据能源来源的不同可以分为四大类：一类是来自太阳辐射的能源，如风能、水能、太阳能、矿物能等；一类是地球本身蕴藏的能量，如地热能等；一类是地球与其他天体相互作用而产生的能量，如潮汐能等；还有一类是核能，它是与原子核反应有关的能源。

▶慷慨的地球母亲

地球给人类提供了许多可使用的热、光和动力之类的能量资源，如煤炭、原油、天然气、煤层气、水能、核能、风能、地热能等。

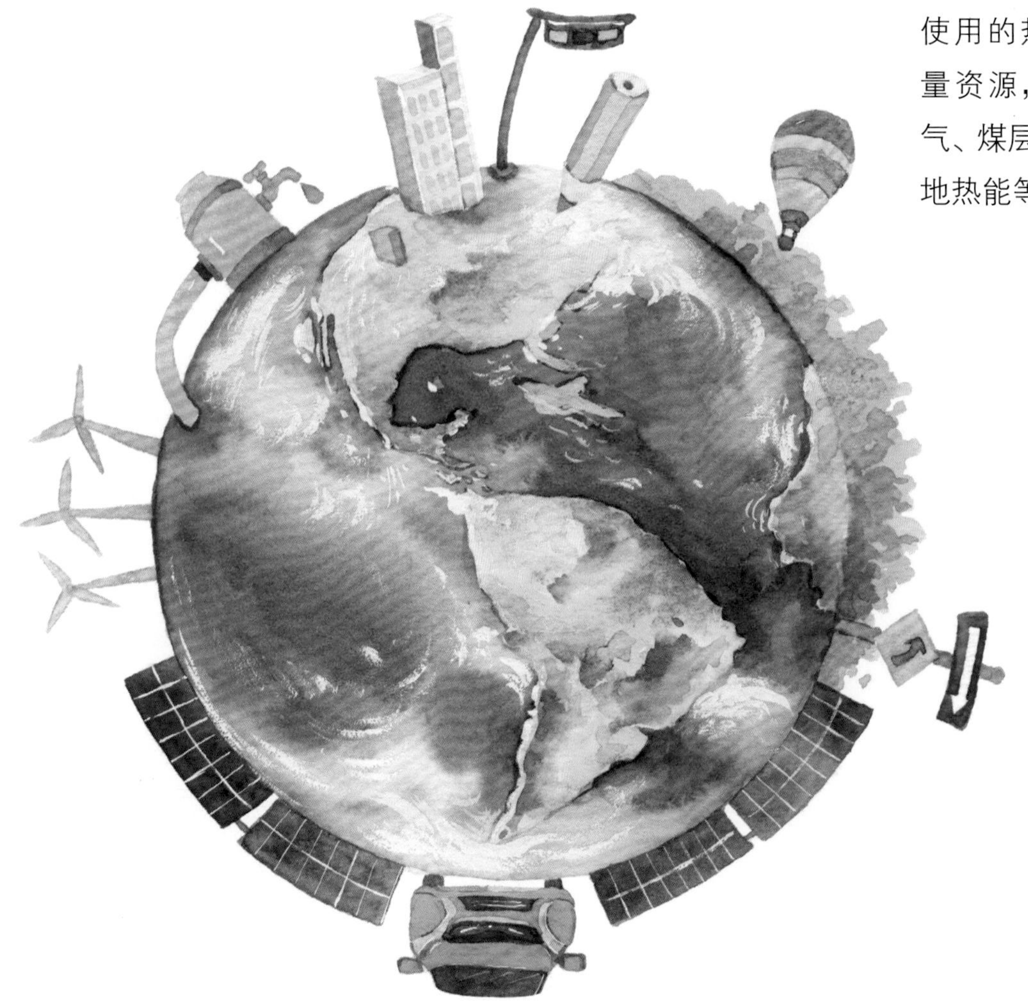

扫码领取
科学实验室
科学小知识
科学展示圈
每日阅读打卡

▶ 神奇的风力发电

我们最熟悉的自然能源是风能。风能是可再生、储量巨大的清洁型新能源。人类利用风能进行风力发电，已经造福了无数的人。

▶ 无处不在的太阳能

太阳能给人类带来了光明和温暖，让我们在日常生活中能直接感受它的光和热。太阳能还可以发电、产生热能等，现在市面上已经出现电力汽车和太阳能汽车了。

▶人类才是地球的污染源

人类为了生存，必须从生活环境中获取资源。当人类过度索取，破坏了地球的生态环境时，就会造成空气污染、水污染、土壤退化等问题。

联合国把每年的6月5日定为“世界环境日”。

▶整个地球变得脏兮兮

有些污染对整个地球来说，是没有地域和国界限制的。因为地球上的环境因素每时每刻都在循环交替，空气、水分等生存要素都是在全球范围内进行流通的。人类共享的大气层，一旦被破坏，全人类都会受到影响。

砍伐造成的水土流失

人类大量砍伐植被，破坏了地面的稳定，造成严重的水土流失。水土流失会使肥沃的土地变得贫瘠、干旱、开裂，还有可能引发洪涝等灾害。

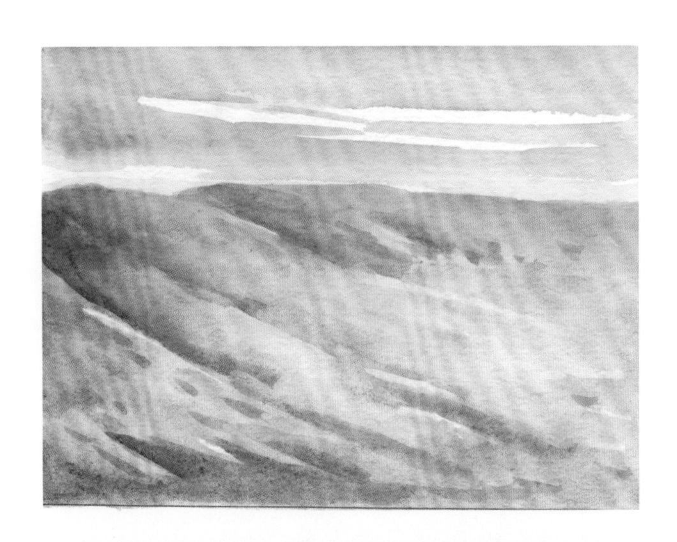

野生动物的哀嚎

地球上的人口越来越多，人类社会发展也越来越快，对自然资源的需求暴增。森林的超量砍伐，草原的过度开垦、放牧，以及围湖造田等，都导致野生动物失去了赖以生存的家园，进而使一些生物濒临灭绝。

森林每天都在缩小

世界森林面积正在迅速缩小。这是由于人类对森林无节制地大量采伐，又没有栽种绿树造成的，每年有大约 20 万平方千米的森林从地球上消失。

空气污染的元凶之一

随着科学技术的不断发展，人口的大量增加，城市里挤满了汽车，到处是汽车排放出的尾气。植被的减少导致空气净化的速度大幅度降低，人类直接吸入大量被污染的气体，对身体的危害是巨大的。

净化废水的“绿色宝库”

人类制造的废水中含有大量的磷、钾、镁、钙等矿物质，这些矿物质是树木生长必不可少的养料，通过地球上面的水循环，含有这些矿物质的水流经森林，使得森林中缺少营养的树木获得肥料。

森林中的许多树木可以分泌杀菌素，会将细菌杀死，树上的细菌在紫外线和杀菌素的作用下难以逃脱死亡的命运。废水中的有毒成分就这样逐渐消失了，再流入地下和河流中时也不会造成污染了。

森林净化废水也是有一定限度的。森林绿化的面积与净化废水量有一个适当的比例，假如废水量高过了森林净化废水的能力，就会对森林造成污染。

▶ 无处不在的白色污染

废旧塑料包装物充斥在地球上，这种垃圾大多呈白色，所以被称作“白色污染”。塑料很难降解，混在土壤中会影响农作物吸收养分和水分，导致农作物减产；焚烧会产生有害气体，污染空气，还有致癌的风险。

▶ 垃圾污染的严重性

垃圾是造成空气质量下降、水体污染、资源浪费的原因之一。有害垃圾包括废电池、废日光灯管、废水银温度计等，这些垃圾需要经过特殊的处理，处理不当会对环境造成不可估量的恶劣影响。

一颗纽扣型电池落入水中释放出的有毒物质，将会污染600立方米的水体。
原来废旧电池污染的危害那么大！

▶ 学会循环利用

废弃的垃圾经过回收后，其中有一些是可以循环利用达到节约资源的目的的。如废纸回收处理后，又能生产出可用的纸张；旧铝皮易拉罐回收后，可以再制成其他铝制品；许多玻璃制品也是将旧酒瓶回收后重新制作的。

☆为什么山上的气温比山下的低

越往山上走，气温就越低，山上的树木比山下的树木开花的时间迟很多。这是由于大气层从下往上，依次分为对流层、平流层和电离层。海拔每增加300 米，气温就下降 1.8℃。

●江河为什么会源源不断地流动

江河是由众多的小水流汇聚了雨水和雪水形成的。江河源源不断地往前流动，最后汇入了大海。那么，江河为什么会源源不断地往前流动呢？因为地球的重力，水都往低处流。

◇为什么会有四季的交替

人们根据地球上气候的变化，把一年分为了春、夏、秋、冬四个季节。因为地球以一年为周期绕着太阳公转，随着位置的变化，太阳高度和日照量也随之变化，于是就产生了四季变化。

△为什么雷雨前天气很闷热

夏天潮湿而闷热，这是形成雷雨的条件。地面上湿度大的空气因为高温直上高空，凝结成小水珠，形成雷雨云，再遇上高空云层对流，便形成雷雨降下来了。因此，闷热是雷雨将来的前兆。

○为什么会下雨

雨是指从云层降向地面的水。云是由飘浮在空中的小水珠和小冰珠凝聚而成的。当云层内的水珠积聚到云层不能负荷时，会从天上掉下来，这就是我们平时看到的雨了。

▲雨点是什么样子的

下雨的时候，大小不一的雨点从云层里落下来。云层较薄的时候，雨点就会很小；云层较厚的时候，小雨点互相碰撞，会合并成为较大的雨点。雨点的形状像中间没被打穿的面包圈。

★露水是怎样形成的

白天，空气中的水分在阳光的照射下，温度升高而上升到天上。晚上，地表气温下降，天上的水分又降回低空。在这些水分遇到地面上冰冷的物体时，就会凝结成水珠，即是露水。

◆为什么会起雾

白天，太阳照射地面，会导致水分大量蒸发，使水汽进入空中，同时地面也吸收了大量的热量。夜晚，地面热量的散发导致地面的温度下降，空中的水汽超过了饱和状态，多余的水就凝结成了小水珠，形成了雾。

△天空为什么会出现霞

在日出和日落之前，天空会慢慢地变成美丽的红色，这就是我们常说的“霞”。在早晨和傍晚时，阳光通过大气层的距离长，波长较长的红色光系占满了大气，因此天空中就出现了霞。